Roberto Salvini · Tet Arnold von Borsig

TOSKANA · Unbekannte romanische Kirchen

ROBERTO SALVINI · TET ARNOLD VON BORSIG

TOSKANA

Unbekannte romanische Kirchen

Aufnahmen Tet Arnold von Borsig

HIRMER VERLAG · MÜNCHEN

Der von Prof. Dr. Roberto Salvini in deutscher Sprache verfaßte Text
wurde von Johanna Oldenburg (†) überarbeitet.

Printed in Germany · © 1973 by HIRMER VERLAG MÜNCHEN · Klischeeherstellung: Chemi-
graphia Gebr. Czech, München · Satz und Druck: Kastner & Callwey, München · Papiere:
Papierfabrik Scheufelen, Oberlenningen · Buchbinderarbeit: Grimm & Bleicher, München ·
Schutzumschlagentwurf: Eugen O. Sporer, München · ISBN 3 7774 2550 8

Vorwort

Auf der Suche nach der alten Schönheit Italiens, die in Straßenlärm und Menschenmassen untergegangen schien, sind wir im Sommer in der Toskana den romanischen Kirchen auf dem Lande nachgegangen. Auf unbekannten, oft schlechten Wegen sind wir ungestört der alten Herrlichkeit in tausend neuen Formen begegnet: den Marmorfelsen der Garfagnana zwischen uns und dem Meer, den dichten Laubwäldern auf den freundlichen Bergen der Bagni di Lucca, — und durch Olivenhaine steigt hinter dem Saum von Zypressen die gewundene Straße nach Brancoli. Plötzlich standen wir auf dem kleinen Platz vor der Pieve, um uns herum und unter uns die weite heile Welt. Im Sienesischen, am Hang des Monte Amiata, lag die Landschaft vor uns wie ein gelbes Wellenmeer, fast baumlos, hin und wieder olivgraue Schleier über fahlen Stoppeln. Lange, langsam aufsteigende Hanglinien, eine hinter der anderen, und beherrschend auf ferner Höhe der Turm von Radiocofani.

Man staunt über die große Anzahl der romanischen Kirchen in der Toskana, diese plötzliche Blüte der Baukunst, fragt nach dem Reichtum, der sie ermöglichte. Vereinfachend gesagt, war es das große Aufatmen, daß das Jahr Tausend vorbeigegangen war, ohne die ganze Welt nach der alten Prophezeiung in den Abgrund zu stürzen. Es entstanden überall in der christlichen Welt zahllose Bauten und so auch in der Toskana die Klosterkirchen und Pieven, d. h. die Kirchen, die man seit Jahrhunderten außerhalb der Burgen weltlicher Lehnsherren für die Bauernschaft — die Plebs — baute. Sie haben das Recht der Taufe und spielen dadurch eine besondere Rolle.

Dem abschirmenden Bogen des Appenin, der in der Toskana das Aufblühen der romanischen Kunst verzögert hatte, verdanken wir andererseits die große Zahl erhaltener ländlicher Kirchen. Auf abgelegenen Höhen, fern von breiten Straßen sind sie bescheiden und schwerfällig; nur manchmal schmücken Skulpturen die kompakten Kapitelle. In ehemals mächtigen Klöstern und Pieven in fruchtbarer Landschaft oder kleinen Orten dagegen begegnet man einer hochentwickelten Kunst, einer Fülle von Plastik innen und außen. Schlummernde Urvorstellungen, antike Formen und Bilder des menschlichen Lebens ziehen sich voller Bedeutung durch das Haus des Christengottes. Die Menschen im Mittelalter konnten meistens nicht lesen und schreiben. Ihre Gedanken waren Bilder, und sie gaben sie in Bildern weiter. Viele dieser inneren Bilder müssen qualvolle Vorstellungen von Hölle und Teufel gewesen sein, und um sie loszuwerden, schilderten sie sie, gestalteten gräßliche Ungeheuer auf Kapitellen und Fassaden, verwehrten dem Teufel den Eingang in die Kirche, indem sie ihm sein Abbild zeigten. Auch die Versuchung des Fleisches wird in Stein gemeißelt, in Gestalt von seltsamen Weibchen mit Fischschwänzen und dem der Sünde verfallenen Mann im Maul einer Schlange. In Loro Ciuffenna unter der Kanzel knien die Menschen nackt vor Gott, und die Angst scheint ihnen die Augen zu weiten. — Alles aber, was schön und friedlich ist, Trauben, Ähren, Blumen und Tiere bringt man als steinerne Geschenke Gott zum Dankopfer dar. In Loro Ciuffenna findet man sogar eine schlanke Muttersau, die belustigt ihre vier Ferkel säugt. — Der größte Meister ist in Sant'Antimo am Werke. Jenseits von allem Dumpfen und Krausen formt er mit souveräner Klarheit seine Kapitelle aus Travertin und Alabaster.

Hin und wieder findet man die vertrauten Geschichten aus dem Alten Testament und die Symbole der vier Evangelisten, die seit Hesekiel den Weg zu Christus bahnen. Christus selber ist dargestellt als das Symbol des Lebens. Wieder und wieder erzählt man voller Liebe von seiner Geburt, ehrfürchtig formt man ihn in seiner Verklärung. Sein Leiden, sein Kreuz und sein Tod bleiben unausgesprochen in jener Zeit, wo das Leben des Menschen in jedem Augenblick von allen Seiten bedroht war. An der Kanzel von Gropina — ein seltenes Beispiel — sieht man ganz klein zwischen den Flügeln der Seraphim das Lamm mit dem Kreuz, ein heiliges Geheimzeichen, das nur Eingeweihte verstehen. Für den triumphierenden Christus aber hat sich im Laufe der Zeiten eine endgültige Form entwickelt. Wie das Siegel Gottes ist sein Bild in der Mandorla, dem Nimbus: Er sitzt auf dem Thron, die Rechte segnend erhoben und hält mit der Linken das Testament auf seinen Knien; hinter seinem Haupt strahlt im Heiligenschein das überwundene Kreuz. So blickt er auch von einem der Kapitelle in Gropina über den Wandel der Welt in die Ferne, und seine erhobene Hand hält die Schöpfung im Gleichgewicht.

Ist nicht das Gleichgewicht, die innige Harmonie von Natur und Mensch, Schöpfung und Menschenwerk in diesem Lande zuhause? Auf ihr ruht die Erinnerung an unsere sommerlichen Fahrten zu den romanischen Landkirchen in der Toskana.

Renate Staude

Dieses Buch über romanische Kirchen der Toskana auf dem Lande ist nicht allein aus dem Wunsche entstanden, weniger bekannte oder verborgene Schätze der Baukunst und Skulpturen einer breiteren Öffentlichkeit zugänglich zu machen. Auch vom wissenschaftlichen Standpunkt aus ist dieser Band von großem Interesse: nur einzelne der Klosterkirchen, die einsam in eingeschlossenen Tälern oder am Abhang einst dicht bewaldeter Berge aufragen, nur wenige der zahlreichen Pfarrkirchen aus romanischer Zeit, die am Fuße einer zerrütteten Burg oder inmitten eines verödeten Dorfes stehen, spiegeln die edlen Bau- und Schmuckformen der städtischen Architektur und Plastik wider. Die meisten scheinen vielmehr ihren Formenschatz aus ganz anderen Quellen geschöpft zu haben und eine Tradition fortzuführen, die mit den großen, romanischen Bauten von Pisa, Lucca und Florenz und mit deren plastischem Schmuck gar keine oder nur eine sehr lose Beziehung hat. (In Siena hat sich kaum eine bedeutende Kirche aus dieser frühen Zeit erhalten). Die berühmten Florentiner Denkmäler wie das Baptisterium, San Miniato al Monte, Santi Apostoli gehören ja — trotz der allgemein verbreiteten Meinung — weder zeitlich noch stilistisch der romanischen Kunst im eigentlichen Sinne an. Zeitlich nicht, weil sie alle im Laufe des 11. Jahrhunderts und nicht im 12. Jahrhundert entstanden sind, in einer Zeit also, welche in ihren beiden Hauptströmungen der aristokratischen, ottonischen und spätottonischen Kunst und der volkstümlichen vorromanischen Bau- und Steinmetzkunst angehört, also der Kultur des Frühmittelalters. Stilistisch nicht, weil sie an den großen strukturellen und ästhetischen Bestrebungen der europäischen Romanik wie Wölbung, plastische Gliederung des Raumes, plastische Belebung der Massen und Flächen keinen Anteil nehmen. Für die Florentiner Sonderromanik hat die Forschung schon längst den Begriff der Protorenaissance gebildet. Man kann sich zwar fragen, ob es sich wirklich um eine Renaissance, um das Wiederaufblühen eines antiken Geistes handelt, oder nicht eher um den Höhepunkt einer ununterbrochen mit der Spätantike und der frühchristlichen Kunst verbundenen Tradition. Da wir über das Aussehen der frühmittelalterlichen Kathedrale Santa Reparanta von Florenz, an deren Stelle der jetzige Dom steht, kaum unterrichtet sind, fehlt uns zur Lösung dieser Frage der Schlüssel. Florenz besaß jedoch zwei glänzende frühchristliche Basiliken: San Lorenzo und Santa Felicita. Die Stadt war länger als andere italienische Städte mit dem oströmischen Reich politisch verbunden, und auch während der Langobardenzeit änderte sich hieran nichts Wesentliches, so daß man annehmen darf, daß in den dunklen Jahrhunderten des Frühmittelalters, innerhalb einer zu byzantinischer Zeit erbauten Stadtmauer, antikes Kulturgut und klassisches Stadtwesen altrömischer Überlieferung erhalten blieben. Wie dem auch sei, ob Zeuge einer Wiedergeburt klassischer Gesinnung oder Gipfel einer seit der Spätantike fortdauernden Tradition, die großartige, im 11. Jahrhundert erblühte und im 12. und 13. Jahrhundert traditionsgemäß fortdauernde Baukunst antiken und frühchristlichen Gepräges hat mit der Romanik so gut wie nichts gemeinsam. Der edle Geist, der aus den klaren, klassisch abgewogenen Bauformen vom Baptisterium, von San Miniato und Santi Apostoli spricht, könnte vielmehr — unbeschadet der hohen Originalität dieser Bauten — dem stolzen, aristokratischen Geist der karolingisch-ottonischen Kunst an die Seite gestellt werden.

Auch Pisa hat eine Sonderromanik, die sich erst im Laufe der zweiten Hälfte des 12. Jahrhunderts, vor allem durch die Skulptur, der europäischen Romanik anglich. Der Dom, 1063–1118 in seinen wesentlichen Teilen errichtet, ist das Werk des genialen Baumeisters Buscheto und kann nur schwer in den bunten und doch geistig weitgehend einheitlichen Komplex der romanischen Baukunst Italiens und Europas eingereiht werden. Erst die jüngsten Teile — die drei um die Jahrhundertmitte hinzugefügten westlichen Joche und die in der zweiten Hälfte des 12. Jahrhunderts errichtete Fassade des Meisters Rainaldus — lassen den plastisch kräftigen Pulsschlag der Romanik fühlen (nicht zuletzt durch die Bauplastik Guglielmos und seiner Schule). Im übrigen überwiegt im Pisaner Dom die aus dem frühchristlichen und frühmittelalterlichen Rom geschöpfte, ruhige, lichtvolle Räumlichkeit und die dem byzantinischen und islamischen Orient abgelauschte malerische Belebung kristallklarer Massen und Flächen. Erst in späteren Bauten und in der Umdeutung, die der Pisaner Stil in Lucca erfährt, wird die in ihrer Art höchst klassische Sprache der älteren Denkmäler von Pisa in romanischem Sinne moduliert. Bezeichnend für die Randstellung der pisanisch-lucchesischen und der Florentiner Baukunst im Rahmen der Romanik ist das Ausbleiben jeglicher Bauplastik während des 11. Jahrhunderts und in der ersten Hälfte des 12. Jahrhunderts. Erst um 1150–60 entsteht in Pisa durch das Wirken des provenzalisch geschulten Guglielmo (Pisaner Domkanzel 1158–62, Bauplastik an der Domfassade seit etwa 1150) eine romanische Skulptur, die sich auch schnell in Lucca und Pistoia verbreitet, aber erst um 1200 Florenz erreicht. Das ist nur dadurch zu erklären, daß der unromanische Stil der Florentiner und Pisaner Baukunst die für die Romanik so typische und notwendige Mitwirkung der Plastik nicht duldete.

In der Toskana sind die schönsten und historisch wichtigsten Denkmäler dieser Epoche die genannten Bauten von Florenz, Pisa und Lucca. Will man aber die eigentliche Romanik der Toskana kennenlernen, so muß man kreuz und quer durch das Land wandern. Da finden wir in kleinen Dörfern und Städten und in einsamen Tälern, unter blaßgrünen Ölbäumen versteckt, oft bescheidenere, aber auch stattlichere Bauten, deren Stil nur selten die edlen Formen der großen städtischen Denkmäler in kleinerem Format oder in vereinfachter Gestalt wiedergibt. Diese Bauten weisen oft ganz andere, mit der europäischen Romanik in enger Verbindung stehende Merkmale auf. Nicht alle in dieser Hinsicht interessanten Bauten konnten in diesem Band Aufnahme finden; die Wahl jedoch, die ein sensibler Künstler der Photographie wie Tet Arnold von Borsig getroffen hat, erlaubt es uns, nicht nur die Aufmerksamkeit des Lesers auf eine Reihe besonders schöner und eigentümlicher Beispiele zu lenken, sondern auch auf kunstgeschichtliche Zusammenhänge hinzuweisen, die z. T. bisher der Forschung entgangen sind.

Der Vergleich zwischen den beiden auf Tafel 2 und 3 abgebildeten Kirchen zeigt bei aller typologischen Ähnlichkeit den wesentlichen Unterschied zwischen einer noch im Banne der karolingischen Tradition stehenden Kirche aus der ersten Hälfte des 11. Jahrhunderts (San Veriano, 2) und einem frühromanischen Bau aus der Zeit um 1100 (San Giusto, 3). Die drei fast zu gleicher Höhe aufragenden, dicht aneinander angeschlossenen Apsiden bilden in der älteren Kirche eine einheitliche Gruppe, die schon in der Außenansicht mehr räumlichen als plastischen Charakter besitzt. Sie umfaßt einen einheitlichen Dreikonchenraum, durch den der Bau etwas von dem stolzen Ausdruck der höfischen, karolingisch-ottonischen Baukunst behält. Dagegen heben sich die scharf voneinander getrennten Apsiden von San Giusto in ihrer verschiedenen Höhe plastisch von der äußeren Chorwand ab. Hier ist die Gliederung der Masse und nicht das Räumliche das Hauptanliegen des Künstlers; auch die scharfen Akzente der engen und langgezogenen Fenster tragen dazu bei. Das ist romanisch. Die eigentlichen Quellen der Romanik liegen aber nicht in der aristokratischen Tradition karolingisch-ottonischer Kunst (welche eher das glanzvolle Ausklingen eines Kunstwollens darstellt, das noch tief in der Spätantike wurzelt), sondern in den mühsamen, sich durch Jahrhunderte hinziehenden Versuchen neuer, kräftig plastischer Gestaltung, welche die bescheidene, volkstümlich gefärbte Bauart der ravennatisch-lombardisch-katalanischen Architektur kennzeichnet.

Zu dieser vorromanischen Strömung gehört in der ersten Hälfte des 11. Jahrhunderts die Krypta der Abteikirche San Salvatore auf dem Monte Amiata (4, 5). Obwohl die Wölbung hier schon eine entwickeltere Stufe erreicht hat, gleicht die plastische Verzierung der Säulen fast einem Buchstabieren, mit dem Versuch, durch einzelne Tier- und Menschenköpfe den Schmuck der Kapitelle zu gestalten, und die auf besondere Weise fragmentierten, gegliederten Kapitellplatten sind Zeugen eines tastenden Suchens nach plastischer Belebung von Raum und Masse, die sich erst in romanischer Zeit zu einem organischen Ganzen ausbilden wird. Dieser vorromanische

Stil überdauert in manchen entlegenen Orten das Ende des 11. Jahrhunderts und führt lebendig eine sonst schon überholte Kunstsprache fort, wie das z.B. bei San Paolo zu Vendaso bei Fivizzano (12, 13) der Fall ist. Andererseits knüpfen die im Mugellotal verbreiteten Einlegearbeiten des 12. Jahrhunderts an die edel abstrakte Kunstsprache der Florentiner Protorenaissance an. (Dieses Tal verfügte über besonders günstige Straßenverbindungen mit Florenz.) Es handelt sich dabei um glänzende und in ihrer Art klassische Kunstwerke, welche jedoch außerhalb der eigentlichen Welt der Romanik stehen (7—11).

Schon am Anfang des 12. Jahrhunderts begegnen wir — und zwar im Gebiet von Siena, in einer Stadt, die sonst kaum ein romanisches Denkmal aufzuweisen hat — einem Bau, der wahrhaft romanisch im europäischen Sinne ist. Es handelt sich um eine große Klosterkirche, welche ihren Reichtum und die Großartigkeit ihrer Bau- und Schmuckformen der kosmopolitischen Gesinnung des Mönchtums zu danken hat. Zwar bleibt Sant'Antimo (14—30) ein unvollendetes Meisterwerk romanischer Kunst, das hindert jedoch nicht, die Größe des Entwurfs zu erkennen. Einige Jahre vor 1118 gegründet, wurde der Bau — im Gegensatz zu bisherigen Vermutungen — von Osten nach Westen fortschreitend ausgeführt und wohl etliche Jahre nach der Jahrhundertmitte — einfacher als ursprünglich geplant — mit dem Bau der Fassade abgeschlossen. Kein Zweifel, daß der dreischiffige, mit Chorumgang und Kapellenkranz versehene Bau nach dem Plan der auvergnatischen Wallfahrtskirchen angelegt wurde. Dem entsprechen auch die Kreuzgratwölbung der Seitenschiffe und die wohl aus finanziellen Schwierigkeiten nicht zur Ausführung gekommene, aber deutlich geplante und vorbereitete Tonnenwölbung des Mittelschiffes. Die Tatsache aber, daß die Kirche kein Querschiff hat — was in der Auvergne niemals der Fall ist —, und die Mischung auvergnatischer und lombardischer Stilmerkmale in der Gliederung der Außenwände und vor allem in der Kapitellplastik lassen mit großer Wahrscheinlichkeit darauf schließen, daß es sich hier um das Werk einer Gruppe lombardischer Baumeister und Steinmetzen handelt, die erst nach einigen Wanderjahren aus den auvergnatischen Gegenden in die Toskana gekommen sind. Die Synthese lombardischen und auvergnatischen Kunstwollens in Sant'Antimo erschließt der Forschung neue Wege; sie lenkt die Aufmerksamkeit auf die bisher unbeachtete Verbreitung lombardischer Motive in der früheren Bauplastik — und wohl auch in der Architektur im Gebiet des französischen Zentral-Massivs. Darüber hinaus könnte sie selbst das noch ungelöste Problem der Entstehung der bekannteren auvergnatischen Plastik um die Mitte des 12. Jahrhunderts erhellen. Erst um 1150, wahrscheinlich nach einer längeren Unterbrechung der Bauarbeiten, wurde die Vollendung von Sant'Antimo von einem südfranzösischen Meister und seiner Gefolgschaft übernommen; der sog. Maître de Cabestany nahm außer einem der schönsten Kapitelle (23) das Zwillingsportal in Angriff, das später nur zur Hälfte aufgestellt wurde, während man die andere Hälfte an eine benachbarte Kirche abtrat. Sant'Antimo steht vollkommen allein in seiner einsamen Größe. Einem verwandten lombardisch-auvergnatischen Stil begegnet man noch an anderen Plätzen im sienesischen Gebiet: in den Abteikirchen Santa Maria a Coneo (II), Ponte allo Spino bei Sovicille (31—36), San Pietro zu Cedda bei Poggibonsi und in der Pfarrkirche zu Cellole (37), wobei die Verbindung mit der ehemaligen Kirche San Giusto in Volterra nicht übersehen werden sollte. Diese beim ersten Anblick so einfache, fast volkstümlich und lokal gefärbte Baukunst zeigt deutlich Beziehungen zu wichtigen und zentralen Strömungen romanischer Kunst. Ähnlichen Motiven begegnet man im apenninischen Limatal nördlich von Pistoia in der Pfarrkirche von Controne (38). Wahrscheinlich stammen diese Motive aus Volterra, einer Besitzung der pisanischen Republik, und kamen durch Pisa und Lucca über Pistoia in diese entlegene Ortschaft.

Eine wichtige Gruppe einfacher, aber kräftig gegliederter und plastisch reich verzierter Bauten bilden die Pfarrkirchen des obersten Arnotales, des von Dante wegen seiner grünen Hügel und frischen Bäche gerühmten Casentino. Es mag heute verwundern, daß in einer nur 25—50 Kilometer von Florenz entfernten Gegend keine Einwirkung der großartigen Denkmäler der Florentiner Protorenaissance zu spüren ist. Die Erklärung finden wir in der Tatsache, daß es damals verhältnismäßig bequeme Straßenverbindungen über den Apennin nach der Romagna, nach Oberitalien und darüber hinaus nach Frankreich gab, während nach Florenz nur eine schlechte Straße führte. Die um die Mitte des 12. Jahrhunderts errichtete Pfarrkirche von Romena (39—44) zeichnet sich durch sinnvolle Harmonie zwischen weitatmiger Räumlichkeit und kräftiger, plastischer Belebung der Massen aus; das wurde dadurch erreicht, daß der Baumeister und seine Mitarbeiter lombardische Schwere und Schlichtheit mit höherer, reicherer Gliederung französischer Herkunft zu verschmelzen wußten. Baumotive und Kapitellplastik deuten noch einmal auf Zusammenhänge mit der im weiteren Sinne auvergnatischen Romanik hin. Was wir hier sehen, ist wohl das Werk einer lombardischen Baugemeinschaft, die arbeitend durch Mittelfrankreich gewandert war, lombardisches Kunstgut in die auvergnatischen Gegenden einführte und französische Motive und Stileigenschaften zurück über die Alpen brachte. Im Casentino wird der so entstandene Bau- und Schmuckstil in einer Reihe anderer Landkirchen — Stia (45—48), Strada (49, 50), Montemignaio usw. — weiterentwickelt und nachgeahmt. Ausstrahlungen dieses Stiles findet man auch außerhalb des Casentino, nämlich in der Pfarrkirche von Chianni (51) im unteren Elsatal, wohin manche französische Motive auch aus dem angrenzenden sienesischen Gebiete gekommen sein könnten, und auch in der Pfarrkirche zu San Gennaro oberhalb Pescia (52—55) im Val di Niévole, das sich von Pistoia bis Lucca erstreckt. Die 1162 datierte Kanzel von San Gennaro (52) weist jedoch einen völlig anderen Charakter auf; augenscheinlich hat sie nichts gemeinsam mit der volkstümlich abstrakten Kunst der Steinmetzen, welche die Kapitelle derselben Kirche gemeißelt haben. Die hochentwickelte Plastik der Kanzel führt uns überraschend in eine mindestens um zwanzig Jahre frühere Zeit, in die Welt der edlen pisanischen Romanik. Ihr Autor, Meister Philippus, erweist sich in der Skulptur als ein früher Nachfolger von Meister Guglielmo, der eben damals die große, schöne Kanzel des Pisaner Domes geschaffen hatte. Die Einlegearbeiten der Marmorplatten dagegen zeigen Motive aus der lucchesischen Seidenweberei in Florentiner Technik. Selbst diese echt toskanische Plastik entbehrt nicht eines Zusammenhanges mit einer der wichtigsten Schulen romanischer Plastik in Europa; dieser Stil ist, wenn nicht unmittelbar, so durch den Pisaner Guglielmo mit der Kunst der Provence, und zwar mit der von Arles, eng verbunden, wie das vor allem der statuarische, unplastisch stereometrische Charakter der Evangelistenfiguren und die außerordentlich malerische Behandlung ihrer Oberfläche beweisen. Der Bau selbst zeigt deutlich pisanischen Charakter. Vollkommen pisanisch im Baustil ist die Kirche von San Cassiano bei Settimo (58), 8 Kilometer von Pisa entfernt, wo ein anderer bedeutender Schüler Guglielmos, namens Bidunius, um 1180 am Werke war. Ein späteres, in gewissem Sinne volkstümlich grobes, aber in seiner entwaffnenden Naivität höchst poetisches Zeugnis derselben Kunstrichtung schmückt das Kirchlein von San Michele in Groppoli (56, 57), wenige Kilometer oberhalb von Pistoia, mit den Werken von Meister Gruamons und Meister Henricus.

Viele Fäden verbinden die italienische Plastik der zweiten Hälfte des 12. Jahrhunderts mit der Provence. Provenzalischen Ursprungs ist, wie die Forschung erst vor kurzem bewiesen hat, die Skulptur in Sizilien aus der 2. Hälfte des 12. Jahrhunderts und auch die im Gebiet von Neapel vor dem Erscheinen der antikisierenden Hofkunst um Friedrich II. Von der Provence beeinflußt sind in Oberitalien die Schule von Piacenza wie auch die campionesische Richtung und der große Benedetto Antelami, während die Hauptströmung der toskanischen Skulptur im provenzalisch geschulten Guglielmo ihren Stammvater hat. Die Schule von Campione hat nun ein höchst eigenartiges Denkmal im oberen Arnotal hinterlassen; Spuren provenzalischer Kunstgesinnung konnten also bis hierher vordringen. Es handelt sich um die Pfarrkirche von Gropina, welche lange Zeit hindurch Besitz der mächtigen Abtei von Nonantola war. Das erklärt uns, warum die sonst nur in Oberitalien tätigen Campioneser in diesem entlegenen toskanischen Dorfe Beschäftigung finden konnten, war doch seit ungefähr 1170 eine Meisterbaugemeinschaft aus Campione am Dom von Modena tätig, und Nonantola liegt nur 10 Kilometer von Modena entfernt. Die Petrikirche in Gropina (III, 59—74) zeigt in der Ausgestaltung ihrer Apsis eine Übertragung der reich gegliederten Apsiden des Domes von Modena in ländliche Formen. Wir finden aber auch das typisch campionesische Motiv der geknoteten Säulen, während die innere Ausstattung der Apsis mit doppelter Blendbogengalerie ihr Vorbild in der

Provence hat. Bei dem provenzalischen Ursprung der campionesischen Meister bedeutet dies keinen Widerspruch. Die Kapitelle der linken Seite weisen einen deutlich campionesischen Stil auf und gleichzeitig unmittelbare Beziehungen zur provenzalischen Plastik, so daß der Schluß nahe liegt, es handele sich um das Werk einer Gruppe campionesischer Baumeister und Bildhauer, welche die ursprünglichen Beziehungen der Schule zur Provence aufrechterhielten oder sie durch erneute Wanderschaft aufgefrischt hatten. Die Tatsache, daß die Kapitelle des rechten Schiffes und die Kanzel einen ganz anderen, anscheinend archaischen Stil aufweisen, wirft ein Problem auf, kann aber den schon angedeuteten Schluß nicht entkräften. Zwar gehören diese Kapitelle, zusammen mit denen von Romena und denen anderer Kirchen des benachbarten, jenseits des Pratomagno liegenden Casentino, demselben Stile an, sie können aber eine Einwirkung der Kunstweise der Campioneser nicht verhehlen; diese wird unter anderem deutlich in den verknoteten Säulen der Kanzel. Das heißt also, daß diese Kanzel und die eng verwandten Kapitelle der rechten Seite gleichzeitig oder gar etwas später als die sonstige Bauplastik von Gropina entstanden sein müssen.

Daß viele Fäden die romanische Kunst der Toskana mit Oberitalien und mit dem Westen verbinden, sehen wir an dem schönen Glockenturm der Pfarrkirche zu Diecimo (78). Er liegt 12 Kilometer von Lucca entfernt, am Ufer des Sérchio, in Richtung auf das von hohen und wilden Bergketten eingekesselte Tal der Garfagnana, und ist ein herrliches Beispiel für einen schon im 11. Jahrhundert in der Poebene entstandenen Typus, der dann immer weiter entwickelt wurde. Der Turm zeichnet sich durch äußerst klar betonte Gliederung der Massen aus. Die Hauptrolle spielen dabei die deutliche, strenge Scheidung der Stockwerke durch die an den Kanten mit Bandlisenen verbundenen Rundbogenfriese und die regelmäßig nach oben zunehmende Zahl der Öffnungen. Das Vorbild war wahrscheinlich der Turm von San Frediano in Lucca, der unter anderem auch den Turm von Sant'Jacopo all' Altopascio bestimmte, und vielleicht wurde durch dieses auf einem der wichtigsten Pilgerwege nach Frankreich und Spanien gelegene Denkmal der einzigartige Turm von Saint-Michel-de-Cuxa im Pyrenäengebiet beeinflußt.

Wir sahen schon, wie die lombardische Schule von Campione hier und dort in der Toskana bedeutenden Einfluß ausgeübt und ihrerseits dazu beigetragen hat, die toskanische Romanik mittelbar mit der seit dem zweiten Drittel des 12. Jahrhunderts so wichtigen Kunst der Provence zu verbinden. Das ist auch im Gebiet von Lucca der Fall; denn an der Kathedrale dieser Stadt war um 1200 ein augenscheinlich aus der Campione-Schule stammender Künstler, namens Guidetto, tätig, der 1204 eine reich und kräftig skulptierte Säule in der Fassadengalerie signiert hat. Nun finden wir in der Pfarrkirche zu Brancoli eine zwiefache Spur der Tätigkeit solcher campionesisch geschulter Meister: die herb, aber außerordentlich kräftig skulptierten Pflanzenmotive, Menschen- und Tierköpfe des von einem sonst völlig unbekannten

Meister Raitus signierten Weihwasserbeckens (82—84). Der schon harte Stil Guidettos erfährt hier eine höchst persönliche, naiv und reizvoll bäuerliche Abwandlung. Die schöne Kanzel (79—81) weist eine ganz unmittelbare Beziehung zur campionesischen Schule auf, woraus man schließen darf, daß neben Guidetto noch andere Bildhauer aus der Schule von Campione in Lucca eingetroffen waren. Sowohl in den reichen und feinen Schmuckteilen als auch in den kleinen Figuren der Evangelistensymbole und in der größeren, König David darstellenden Statuette und nicht zuletzt in dem herrlichen Löwenpaar findet man in campionesischer Fassung Motive und Stilmerkmale wieder, welche in der Provence und besonders in Arles ihren Ursprung haben. Was diese Motive als campionesisch zu erkennen gibt, sind die ausgesprochene Schärfe, die tiefen Zeichen der harten Meißelarbeit, ja die Spur eines hartnäckigen Ringens um die Form. Pflanzen-, Menschen- und Tiergestalten haben die ursprüngliche Weiche und Üppigkeit ihrer nunmehr weit zurückliegenden, provenzalischen Vorbilder eingebüßt. Alles ist trocken und scharf geworden: die geradezu metallisch wirkenden Blätter der Kapitelle, die flachen, aber scharf umrissenen Rankenfriese, das lichtvolle, kannellierte Gewand Davids und die nervös eingeritzten Locken der Löwenmähnen. Selbst der elastische Schwung des Drachens, der den Kiefer des Löwen anbeißt, entbehrt jeder Dramatik, da er von total fleischlosen, eine abstrakte Silhouette zeichnenden Formen getragen wird. Und dennoch lebt sowohl in dem Drachen als auch in den beiden wundervollen Löwen eine unbändige, furchtbare Gewalt, so wie man sie in der kräftigen romanischen Kunst selten antrifft. Unsere Bilderreihe schließt mit zwei untereinander sehr verschiedenen, aber kunsthistorisch doch irgendwie verwandten Werken, die den Übergang zu der neuen Kunstwelt der Gotik markieren: mit der Rotunde von San Galgano (86, 87), wo ein spätantikes, vom Mittelalter übertragenes — in der Romanik selten anzutreffendes — Raumgebilde durch die feine, malerische Behandlung der Oberflächen einen völlig neuen Sinn erhält, den die sienesische Baukunst der Gotik weiter entwickeln wird, und mit der wundervollen, tragischen Trägerfigur zu San Quirico d'Orcia (88), ein problematisches Werk, das den Rahmen der Ausdrucksfähigkeiten der romanischen Kunst sprengt und sich den dramatisch lebensvollen Gestalten des größten italienischen Bildhauers der Gotik, Giovanni Pisano, ebenbürtig zugesellt.

ZU DEN BILDERN

1   Alberese in Maremma · Abteikirche San Robano

Diese Kirche bei Alberese in den Maremmen, am Ende des 11. Jahrhunderts entstanden, ist heute nur noch eine malerische Ruine, deren hoher Wachtturm in der wilden Maremmen-Landschaft aufragt. Obwohl der Zustand, in dem sich das Bauwerk befindet, die Beurteilung erschwert, scheint der Unterschied im Material und im Mauerwerk auf zwei verschiedene Bauperioden hinzuweisen. Der Bau war dreischiffig mit einer Apsis, hatte Kuppel und Kreuzrippengewölbe. Der von Toesca um die Mitte, von Salmi in die zweite Hälfte des 12. Jahrhunderts datierte Glockenturm zeigt ausgesprochenen lombardischen Charakter; vielleicht, wie Salmi annimmt, durch die Einwirkung der romanischen Baukunst im südlichen Latium.

2   Abtei von San Veriano

Auf den Bergen, die Arezzo vom oberen Tibertal trennen, liegt die Abteikirche San Veriano, eine camaldolesische Stiftung. Sie war ursprünglich eine Saalkirche mit drei dicht aneinander stehenden Apsiden. Der Grundriß, der drei runde Räume in einem größeren, einheitlichen Raum vereinigt, wird von der Forschung als Dreieinigkeitssymbol gedeutet und stammt aus den östlichen Provinzen des byzantinischen Reiches (u. a. aus Syrien und Georgien). Besonders verbreitet hat sich dieser Typus schon in karolingischer Zeit in Graubünden (Müstair, Mistail, Disentis) und im angrenzenden Vintschgau (Lana, Burgkapelle in Hocheppan). In der gut erhaltenen Dreiapsidengruppe deuten jedoch die breiten, rundbogigen, von einem zweifarbigen Bogenlauf abgeschlossenen Fenster eher auf das 11. Jahrhundert hin. Neben der Kirche stand ein mächtiger Glockenturm (dessen unterster Teil vor einigen Jahren ausgegraben und freigelegt wurde) in runder Gestalt, was wohl auf das Vorbild der frühchristlichen Basiliken Ravennas zurückzuführen ist. Wie Salmi hervorgehoben hat, erfahren wir aus einer seltenen Urkunde von 1026, daß Maginardus, der Architekt des nunmehr verschollenen alten Domes zu Arezzo, nach Ravenna gewandert war, um die dortige Kirche San Vitale zum Vorbild zu nehmen. Die kleine, dreischiffige, nur aus zwei Jochen bestehende Krypta von San Veriano, deren Kapitelle in ihrer extrem vereinfachten Form wieder an die frühchristliche Kunst Ravennas erinnern, deutet auch durch ihre mit Gurtbögen versehenen Kreuzgratgewölbe auf das 11. Jahrhundert hin.

Die ehemalige Abteikirche San Giusto, im Volksmunde San Giustone genannt, liegt auf der bewaldeten Bergkette, die das untere Arnotal von der pistoinesischen Ebene trennt. Einschiffig, tonnengewölbt, mit Querhaus und drei Apsiden versehen, wurde die Kirche, wohl unter französischer Einwirkung, Anfang des 12. Jahrhunderts gebaut, erhielt aber erst gegen Ende des Jahrhunderts die heutige, von Pisa beeinflußte Fassade. Die eigentümliche, giebelförmige Gestaltung des Querhauses, in Verbindung mit dem Unterschied im Mauerwerk zwischen dem unteren und dem oberen Teil, läßt auf die dann nicht ausgeführte Absicht schließen, den Bau zu einer dreischiffigen Kirche zu erweitern. Die drei scharf voneinander getrennten Apsiden und ihre engen Fenster beweisen den plastischen Charakter einer nunmehr romanischen Architektur.

4, 5 *San Salvatore · Krypta der Abteikirche San Salvatore*

Die am Abhang des Monte Amiata gelegene Abteikirche San Salvatore, bereits im 8. Jahrhundert erwähnt, wurde Anfang des 11. Jahrhunderts neu gebaut und 1036 geweiht. Während die Oberkirche infolge von Umbauten ihren ursprünglichen Charakter kaum erhalten hat, steht die Krypta — wenn auch leider unvollständig — als bedeutendes Meisterwerk vorromanischer Architektur noch heute da. Die einst mit drei halbkreisförmigen Apsiden versehene Krypta erstreckt sich mit ihren dreizehn Schiffen unter dem ganzen Querhaus. Ursprünglich reichte sie im Osten bis unter den Chor, und die vor kurzem erfolgte Entdeckung von Spuren zweier weiterer Arkaden unter dem Mittelschiff beweist, daß sie sich um einige Joche auch im Westen unter dem Langhaus ausdehnte. Es handelt sich also um eine der monumentalsten Hallenkrypten des Frühmittelalters, welche aber mit ihren regelmäßigen Gratgewölben und Gurtbögen eine schon entwickeltere Gestaltung aufweist. Ein seltener Zug ist die reiche und plastisch kräftige Verzierung der sehr variiert kannelierten oder mit ungewöhnlichen, geometrischen Motiven geschmückten Säulenschäfte. Äußerst selten ist auch die eigentümliche Gestaltung der abgestuften Kapitellplatten, die in acht Teile aufgeteilt sind, so daß sie den einzelnen Gurtbögen und Gewölbegraten einen eigenen Ansatz bieten können; etwas Ähnliches ist bisher nur in der unter dem Namen Christo de la Luz christianisierten Moschee zu Toledo (10. Jahrhundert) gefunden worden. Die sonst sehr einfach gegliederten Kapitelle sind öfters mit kräftig hervorspringenden Menschen- und Tierköpfen geziert, welche, bei konsequenter geometrischer Stilisierung, in der lombardischen Plastik des 10. Jahrhunderts (etwa Kapitelle in der Krypta von San Savino zu Piacenza) ihre Entsprechung finden. Bemerkenswert ist, daß mindestens bei einem Kapitell (5 unten) die in Vorderansicht gezeigten Tierköpfe in der Vorstellung des Künstlers als Endteil eines im Kapitell selbst verborgenen Tierleibes aufgefaßt sind. Das beweist der Pferdekopf, den ein Männlein am Zügel hält.

6—9 *Borgo San Lorenzo · Pfarrkirche San Giovanni Maggiore*

Die mehrere Male im Laufe der Zeit umgebaute Kirche wurde in der ersten Hälfte des 19. Jahrhunderts erneuert. Vom alten Bau ist nur der schöne Glokkenturm stehengeblieben. Polygonal, auf einem hohen, viereckigen Sockel und wahrscheinlich ursprünglich zinnengekrönt, beweist er deutlich, sowohl durch Mauerwerk als auch durch die breiten, runden, rahmenlosen Fenster, eine Entstehungszeit im 11. Jahrhundert. Es handelt sich um eine auch anderswo in der Toskana bezeugte, vorromanische Entwicklung der runden, frühmittelalterlichen Türme der ravennatischen Basiliken. Der vorromanische Charakter besteht in der Betonung der schlichten Maße, die der strengen Gliederung des eigentlich romanischen Stiles noch entbehren.

In der Kirche ist noch die seltene Marmorkanzel (7—9) aus der ersten Hälfte des 12. Jahrhunderts erhalten. Sie zeigt eine archaische Form der Florentiner Einlegearbeit. Von Eierstäben eingerahmt, ist jede Platte mit einer eleganten, öfters mit dem altchristlichen Symbol des Fisches versehenen Vase geschmückt; in klarer Reinheit der Form atmet sie den Geist einer von antiker Tradition durchdrungenen Kultur. Die schlanken Säulen mit den feinen Blätter- und Rosettenkapitellen entsprechen durchaus diesem Geist.

10, 11 Fagna bei Scarperia · Pfarrkirche Santa Maria

Die Pfarrkirche Santa Maria zu Fagna im oberen Mugello (Sievetal) wird schon 1018 und 1089 urkundlich erwähnt. Dreischiffig, mit nur einer Apsis, wurde sie leider im Laufe der Jahrhunderte, vor allem im 18. Jahrhundert, fast völlig entstellt. Die unter neuem Putz erhaltene Nischengalerie als äußere Krönung der Apsis beweist den noch vorromanisch-lombardischen Charakter des Baues.

Erhalten ist aber das einst zerstückelte, doch Anfang unseres Jahrhunderts unter Hinzufügung eines neuen Postaments und eines neuen Gesimses wieder zusammengesetzte Taufbecken aus Marmor (10). Die feine Einlegearbeit gehört der edlen, sowohl in kultureller als auch in technischer Hinsicht hochstehenden Florentiner Tradition an, der wir berühmte Meisterwerke wie den Fußboden des Baptisteriums, die Chorschranken und die Kanzel von San Miniato verdanken. Es handelt sich jedoch um ein verhältnismäßig frühes, die Mitte des 12. Jahrhunderts kaum überschreitendes Werk. Das zeigt sich unter anderem, wie Salmi hervorgehoben hat, durch den Zusammenhang mit einem Teil der Fassadendekoration der Stiftskirche zu Empoli und durch die Tatsache, daß die 1175 datierten Chorschranken von Sant'Agata im Mugello schon weiter entwickelt zu sein scheinen. Hier bewahren die aus antikem Formenschatz und die aus den in Seidenstoffen verbreiteten Orientmotiven geschöpften Muster eine klassische Reinheit.

12, 13 San Paolo bei Fivizzano · Pfarrkirche

Die schwere, dreischiffige, mitten in den einsamen Bergen der Lunigiana gelegene Pfarrkirche San Paolo zu Vendaso ist, trotz ihrer archaischen Züge, bestimmt erst im 12. Jahrhundert entstanden. Besonders altertümlich wirken die vorwiegend mit Palmetten und höchst primitiven Tier- und Menschengestalten verzierten Kapitelle, die einen deutlich vorromanischen Charakter beibehalten haben, obwohl einzelne Motive, wie etwa die Palmetten und das gewundene Seilband, dem Formenschatz des 12. Jahrhunderts angehören. Man kann trotz der naiven Auffassung das Verständnis des anonymen Steinmetzen für die harmonische Füllung der Oberfläche erkennen.

Die Kirche liegt in einem grünen Kessel unterhalb von Castelnuovo dell'
Abate bei Montalcino, 20 Kilometer südlich von Siena. Eine Benediktiner-
abtei Sant'Antimo bestand schon seit mindestens 813. Aus dieser Zeit blieb
jedoch nur der unterste, nunmehr halb verschüttete Teil der sogenannten
»karolingischen Kapelle« neben der Kirche erhalten (14). Die Kirche gehört
der romanischen Epoche an und darf wohl als ein großes, unvollendetes
Meisterwerk angesehen werden. Dreischiffig, ohne Querhaus, mit einer Apsis und Dreikapellenkranz, hat sie ein Kreuzgratgewölbe mit Gurtbögen in
den Seitenschiffen. Sie war wahrscheinlich ursprünglich dazu bestimmt, im
Hauptschiff tonnengewölbt und mit Querbögen versehen zu werden, wurde
jedoch schließlich flach gedeckt, und die tragenden Pilaster mußten auf den
natürlichen Abschluß der Querbögen verzichten. Auch erhielt sie keine Halb-
kuppel.

Die Jahreszahl 1118 erscheint in einer Schenkungsinschrift, die auf den
drei Altarstufen eingeschrieben ist und auf dem linken Bündelpfeiler des
Chorumlaufs endet. Sie beweist, daß der Baubeginn vor diesem Datum an-
gesetzt werden muß. Da jedoch das Hauptportal (16), welches in einer Inschrift des Türsturzes Abt Azzone dei Porcari als Bauherrn rühmt, stilistisch
kurz nach der Mitte des 12. Jahrhunderts datierbar ist, muß man annehmen,
daß die Bauzeit sich auf 40—50 Jahre erstreckt hat.

In den ersten zwei Jochen von Westen öffnen sich die Emporen nur durch
zwei Monophoren — fast Schartenfenster — zum Mittelschiff, während in den
zwei darauffolgenden Jochen zwei ziemlich untersetzte Zwillingsarkaden
erscheinen (21), die sich vom fünften Joch ab aufwärts zu schönen, schlanken
Formen entwickeln. Man sollte deshalb annehmen, daß der Bau von Westen
nach Osten fortgeschritten ist. Dem muß man aber entgegenhalten, daß das
Datum 1118 im Ostteil eingeschrieben ist, während das Westportal nach 1150
entstanden ist. Es war im Mittelalter gar nicht üblich, das Portal an eine
schon früher gebaute Fassade »anzukleben«, sondern es ging gewöhnlich der
Portalbau mit der Errichtung der Fassade Hand in Hand. Ferner spricht dagegen, daß einige Kapitelle der westlichen Joche ausgesprochen später zu sein
scheinen als die des Chorumganges und der östlichen Joche. Die Datierung
um 1150 des neuerdings dem Meister von Cabestany zugeschriebenen Daniel-
kapitells (23), auf der zweiten Säule rechts, ist so gut wie sicher. Demselben
Bildhauer sind zwei Löwen, die für das Westportal bestimmt waren, zuzuschreiben. Gegen die Bauabwicklung von Westen nach Osten spricht die Tatsache, daß im Westteil der Schiffe die Emporenöffnungen ärmlicher werden
und keine eigenen Kapitelle haben. Man hat hier Stücke aus der vorromanischen Kirche wiederbenutzt.

Dieses alles, im Zusammenhang mit dem Verzicht auf die geplanten Querbögen und auf die Apsishalbkugel, läßt sich eher mit einem eiligen und mit
dürftigen Mitteln ausgeführten Abschluß erklären als umgekehrt mit einem
ungewissen, tastenden Baubeginn. Der Bau fing also im Osten an mit einem
großangelegten Entwurf, mußte aber später, infolge finanzieller Schwierigkeiten, in viel dürftigerer Form abgeschlossen werden und blieb sogar in wesentlichen Teilen unvollendet.

Andere Unstimmigkeiten sind mit der Tatsache zu erklären, daß die Kirche
in späteren Zeiten manche Umarbeitung erleiden mußte. Während der Ober-

gaden seine Lisenengliederung und seine romanischen Fenster bewahrte (14), weist der Oberteil der Seitenmauer beider Seitenschiffe ein rohes Mauerwerk und spätere Fenster auf; dabei bleiben die Halbsäulen, und zwar in leicht verschiedenen Höhen, unterbrochen. Zunächst möchte man vermuten, der Bau sei steckengeblieben und erst Jahrhunderte später seien die oberen Teile der Mauer errichtet worden. Das ist aber nicht möglich, da gerade hinter diesen oberen Teilen der Mauer sich die Emporen befinden, deren Öffnungen zum Inneren der Kirche zweifellos aus dem 12. Jahrhundert stammen. (Es ist kaum anzunehmen, daß sie jahrhundertelang nach außen offen gelassen wurden.) Da aber feststeht, daß nach 1462, als der Bischof von Montalcino weltlicher Abt von Sant'Antimo wurde, die Emporen — wie man noch heute sieht — zur Wohnung des Bischofs umgebaut wurden und die heutigen Fenster erhielten, muß man schließen, daß damals die oberen Teile der Mauer, wahrscheinlich aus statischen Gründen, neu errichtet wurden und dabei die Halbsäulen einbüßten.

Es wurde schon mehrmals von der Forschung darauf hingewiesen, daß sich in Sant'Antimo lombardische mit französischen Motiven glücklich treffen und verschmelzen. Es wurde jedoch bisher kaum versucht, die französischen Stilmerkmale geographisch zu präzisieren. Nun scheinen mir viele Elemente auf die Baukunst und Bauplastik der Auvergne und der Gegend des französischen Zentral-Massivs hinzuweisen. Plan und Aufriß des Baues — Mittelschiff mit (nicht ausgeführtem, aber wohl geplantem) Tonnengewölbe, Seitenschiffe mit Kreuzgratgewölben und Gurtbögen gedeckt, Chorumgang mit drei Kranzkapellen (14, 15), Halbtonnengewölbe im oberen Stockwerk des Chorumganges, welche höchstwahrscheinlich auch für die Emporen geplant waren — finden am besten in der Auvergne ihre Entsprechung. Gewiß vermißt man in Sant'Antimo das Querschiff, das in den auvergnatischen Bauten nie fehlen dürfte. Man muß aber bedenken, daß hier der Bau so angelegt wurde, daß man an der rechten Seite die karolingische Kapelle — die man aus sakralen Gründen nicht abzubauen wagte — und auf der Gegenseite den mit eingeschriebenen Apsiden versehenen Turm als Querhaus benutzen konnte. Auch entsprechen die breiten, mit weiten Zwillingsöffnungen versehenen Emporen und außen die mit angelehnten Säulen und Konsolen geschmückten Kranzkapellen (15) weitgehend auvergnatischen Vorbildern. Der Innenfassade entlang läuft eine sich auf Arkaden und Konsolen stützende Balkonade, welche die beiden Emporen miteinander verbindet. Wenn man bedenkt, daß der Westteil der Kirche später, in einer Zeit der Not errichtet wurde, so kann man dies als einen dürftigen, aber doch zweckmäßigen Ersatz für den Endonarthex mit Empore auffassen, dem man so oft in der Auvergne begegnet. Andererseits ist die Tatsache, daß in den Schiffen auvergnatische Kreuzpfeiler nur an besonders kritischen Punkten verwendet wurden — und zwar auf halber Länge der Schiffe und noch zweimal an der Stelle, wo die Vierung hätte entstehen sollen, wenn der Bau ein Querschiff bekommen hätte, d. h. in Entsprechung auf den Zugang zum Turm und zur karolingischen Kapelle —, sonst aber Säulen stehen, wohl auf die Einwirkung der toskanisch-lombardischen Tradition zurückzuführen.

Nun scheint die Betrachtung der Bauplastik in dieselbe Richtung zu weisen. Das Bukranienmotiv (Ochsen-, Widder- oder Ziegenschädel als Opfertiere) (24—26), das in mehreren Kapitellen des Ostteils vorkommt, findet nicht leicht italienische oder französische Gegenstücke und muß sowohl im Gegenständlichen als im Formalen als Originalleistung des großen Bildhauers von Sant'Antimo betrachtet werden, zumal diese Tierköpfe so geschnitten sind, daß der Glanz der einfach geometrischen und doch weich modellierten Formen in warm gefärbtem und fast durchsichtigen Onyxalabaster zur vollen Geltung kommt: ein seltener Fall fruchtbarer Begegnung zwischen dem Ziel des Künstlers und den besonderen Eigenschaften des vorhandenen, aus den benachbarten Bergwerken von Castelnuovo stammenden Materials. Die feinen Pflanzenmotive finden in mehreren Kapitellen in Sainte-Foy zu Conques ihre Entsprechung (24, 26, 29, 30 unten). In derselben Kirche und anderswo in den auvergnatischen Gegenden, z. B. in Thuret, Bessuéjouls, Perse und Nant, begegnet man dem in Italien so gut wie unbekannten Schachbrettmuster, das aber in Sant'Antimo auf mehreren Kapellplatten vorkommt (25). Dieselben breiten Blätter, die hier in doppelter Reihe den Abakus eines Kapitells schmücken (30 unten), sind als Kapitellverzierung in Ennezat (Puy-de-Dôme), in Saint-Nectaire und Issoire wiederzufinden. Das Flechtbandmuster, das den Abakus eines anderen Kapitells im Chorumgang (24) schmückt, kommt zwar öfters auch in lombardischer Bauplastik vor, ist aber — wohl unter lombardischem Einfluß — in der Rouergue besonders beliebt (Bessuéjouls, Castelnau-Pégayrolles, Nant), wo es Kämpfer, ganze Kapitelle und sogar Türstürze ziert. Das schöne, aus abwechselnd nach oben und nach unten gewendeten Palmetten bestehende Motiv (20 oben, 25) findet in Nant und im Kreuzgang von Le-Puy seine Entsprechung. Es muß weiter darauf hingewiesen werden, daß mindestens in zwei Fällen auf den Kapitellen von Sant'Antimo Darstellungen vorkommen, die man sonst nur in der Rouergue und in der Auvergne findet. Ein Kapitell trägt als Hauptschmuck eine Reihe schwerer Arkaden, wie man sie noch in Nant sieht, ein anderes hat die seltene und, wie von Janson nachgewiesen wurde, typisch auvergnatische Darstellung des vom Jäger in der Schlinge gefangenen Affen. Andere Kapitelle, und zwar meistens im Chorumgang und in den sonstigen Ostteilen, zeigen lombardischen Charakter und deutliche, zum Teil von der Forschung schon anerkannte Beziehungen zu der Bauplastik von San Michele in Pavia (20 unten, 27). Auf dem Abakus eines dieser Kapitelle entwickelt sich ein feines Ranken- und Palmettenmuster (28), das man auf dem linken Türpfosten des südlichen in den (leider nicht mehr bestehenden) Kreuzgang führenden Portals findet. Der rechte Pfosten ist durch reiche Flechtbandmotive geschmückt, und der Türsturz hat einen Fries phantastischer Tiere, der sehr deutlich von Pavia abhängig ist (I). Der Schluß, daß auvergnatische und lombardische Bildhauer nebeneinander gearbeitet haben, würde an sich naheliegen. Da jedoch der Stilunterschied, verglichen mit den Kapitellen französischen Ursprungs, gar nicht so groß ist, so ist es wahrscheinlicher, daß es dieselben Meister gewesen sind, die beide Gruppen ausgeführt haben: es waren gewiß lombardische, in Pavia geschulte Steinmetze, welche aber längere Wanderjahre in der Auvergne hinter sich hatten.

Anderen lombardischen Steinmetzen müssen weitere Skulpturen zugeschrieben werden, darunter das Doppelkapitell mit zwei einen Menschenkopf fressenden Ungeheuern und zwei Reliefs am Glockenturm — eine Madonna mit Kind und den vier Evangelistensymbolen (18) und eine Chimäre (19). Sie scheinen einer etwas älteren Bauphase anzugehören und — wie u. a. ein Vergleich der Evangelistentiere mit ähnlichen Tierdarstellungen am Hauptportal von Sant'Ambrogio beweist — Mailänder Herkunft gewesen zu sein. Wahrscheinlich wurde der Turm einige Jahre vor der neuen Kirche gebaut und zwar von lombardisch-mailändischen Künstlern, die vielleicht später auch am Kreuzgang mitgewirkt haben.

Einen vollkommen verschiedenen Stil weist das Danielkapitell (23) zusammen mit den schon erwähnten einstmaligen Portallöwen auf. Diese Skulpturen wurden schon als Werke des um die Mitte des 12. Jahrhunderts arbeitenden Meister von Cabestany anerkannt, der die phantastisch lebendige Plastik von Moissac weiterführt. Damit hängt das toulousanisch-roussillonaise Formen aufweisende Hauptportal zusammen (16). Dieses Portal, wohl unter Führung des Meisters von Cabestany gearbeitet, wurde zum Schluß, wie Joselita Raspi Serra nachgewiesen hat, nur zur Hälfte verwendet. Aus dem geplanten Doppelportal nach französischem Vorbild wurde unter dem Druck finanzieller Schwierigkeiten das heutige einfache Portal, während die anscheinend schon fertiggestellte andere Hälfte an die benachbarte Kirche Santa Maria in San Quirico d'Orcia abgetreten wurde. Das herrliche Kapitell einer Halbsäule (17), die ursprünglich einen Portikus tragen sollte — der wahrscheinlich niemals errichtet wurde —, ist von Frau Raspi Serra mit west-französischen Vorbildern in Verbindung gebracht worden; es scheint aber eher in Pavia seine Entsprechung zu finden. Der Türsturz, ähnlich den provenzalisch-antikischen Türpfosten der ungefähr 1160 errichteten Domfassade von Pisa (denselben pisanischen Charakter haben die Konsolenlöwenköpfe), gibt den ungefähren Zeitpunkt der Bauarbeiten. Da das ursprünglich als Zwillingsstück unseres Portals gedachte Portal von Santa Maria in San Quirico keinen Türsturz hat, kann man annehmen, daß die geplanten Zwillingstüren von Sant'Antimo, so wie manche französische Portale, keinen Türsturz erhalten sollten; erst als man sich entschlossen hatte, aus den schon fertiggestellten Stücken eine einzige Tür nach lombardisch-toskanischer Art zu gestalten, wurde, wahrscheinlich auf Anregung des in der Inschrift genannten Azzone aus dem lucchesischen Geschlecht der Porcari, der Türsturz in Pisa oder bei einem vorbeikommenden, pisanisch geschulten Steinmetzen bestellt, um auf das nunmehr so bescheiden gewordene Portal das Siegel der einheimischen Tradition zu setzen.

Vom ikonographischen Standpunkt aus ist noch folgendes zu bemerken: Die meisten Kapitelle innen und außen tragen nur Pflanzenmotive oder von der Antike her traditionelle Tiermotive wie Ochsen- und Widderköpfe und andere Tiergestalten, denen wahrscheinlich keine besondere symbolische Bedeutung zuzumessen ist. Möglich ist es jedoch, daß ausgesprochen antikische Motive (20 unten, 22) auf die Überwindung des Heidentums anspielen; sicher ist es, daß typisch teuflische Gestalten, wie z. B. die auf Tafel 20 oben oder 22, hier wie vielerorts in die Kirchen aufgenommen wurden, damit durch ihre Bannung in den Stein die Macht der bösen Geister gelähmt wird. Die genaue Bedeutung des auf einen Löwen schießenden Kentauren (22) ist nicht leicht zu ermitteln; die Darstellung der äsopischen Fabel des Wolfes und des Hundes (20 unten) bezieht sich dagegen sehr wahrscheinlich auf die Freiheit der Seele, wenn sie von der Sünde rein ist. Auf Tafel 23 ist die häufige Szene von Daniel in der Löwengrube dargestellt. Die Darstellung eines Löwen mit zwei Leibern und nur einem Kopf (17), wie sie auch bei zahlreichen anderen Werken der romanischen Kunst an anderen Orten zu finden ist, entspricht wohl mehr dem Bestreben, das ganze Tiere ohne Verkürzung zu zeigen, als der Absicht, ein Ungeheuer zu schaffen.

Obwohl der Bau seine Vollendung in der ursprünglich herrlich geplanten Form nicht erhalten konnte, bleibt doch Sant'Antimo ein Meisterwerk der toskanischen Romanik. Wuchtig ragt in seinen einfach und klar gegliederten Maßen der Außenbau empor (15), auf die Spannung vorbereitend, die im Inneren herrscht (21). Fehlt dem Innenraum der alles einfassende Abschluß des Tonnengewölbes, so streben die Hauptschiffwände, durch die Emporen- und Fensteröffnungen skandiert, um so kräftiger in die Höhe. Ein sinnvoller Kontrast entsteht zwischen der scharfen Abgrenzung des schlichten Raumes im Langhaus und seinem phantastischen Einmünden in die fächerartig auseinandergehende Perspektive der Chorarkaden und Kranzkapellen, wobei das aus Travertin und Onyxalabaster bestehende Mauerwerk dem ganzen Bau farbige Wärme gibt und ihm einen malerischen Abschluß verleiht.

II Coneo · Abteikirche Santa Maria

Die Kirche, nicht weit von Colle di Val d'Elsa, ist einschiffig mit Querhaus, Vierungsturm und drei Apsiden: die Rundung der Seitenapsiden bleibt jedoch außen hinter einer geradlinigen Wand versteckt, die parallel zum Querschiff läuft, ohne dessen Höhe zu erreichen. So entsteht in der Außenansicht der Eindruck eines doppelten Querhauses. Der Vierungsturm ist oktogonal, schließt aber eine kleine Scheibenkuppel ein. Während das Schiff eine flache Holzdecke hat, tragen beide Querschiffarme Tonnengewölbe. Zwei Halbsäulen auf halber Länge des Schiffes lassen auf die nicht ausgeführte Absicht schließen, einen Querbogen zu bauen. Die Vierungsbögen stützen sich zum Teil auf unterbrochene, in Konsolen endende Halbsäulen, wie man sie öfters in Frankreich sieht. Auf Frankreich deuten auch die Anwendung von Tonnengewölben und der geplante Querbogen hin. Eine ähnliche, im Vierungsturm verborgene Kuppel ist z. B. in einer kleinen, auvergnatischen Kirche zu Castelnau-Pégayrolles (Rouergue) zu finden. Die Kapitelle und das außen über dem Rundbogenfries laufende Gesims zeigen einen flachen und weichen Schmuckstil, den Salmi schon mit dem Dom von Volterra und mit den im dortigen Museum aufbewahrten Fragmenten aus San Giusto in Verbindung gebracht hat. Salmi meinte, dieser Stil sei in Volterra entstanden. Wenn man aber bedenkt, daß dieselbe Art in etwas raffinierterer Form die etwas spätere Bauplastik von Ponte allo Spino kennzeichnet, bei der wir deutliche Einwirkungen einer von der Lombardei beeinflußten, auvergnatischen Strömung wahrzunehmen glauben (31), so dürfen wir in Santa Maria a Coneo eines der ältesten Beispiele des Stils erblicken, den wir auch in Cedda und in Cellole (und manchmal sogar außerhalb des sienesischen Gebietes) antreffen werden.

Das überlieferte Weihedatum 1124 wurde von Salmi und Moretti angezweifelt. Da jedoch San Giusto zu Volterra nach 1113 erneuert und der Dom daselbst 1120 geweiht wurde, mag sich auch das Weihedatum von Santa Maria a Coneo auf den jetzigen Bau beziehen. Durch das schön variierte Höhen- und Proportionsspiel der runden, kubischen und polyedrischen Massen wirkt die Außenansicht der Kirche in sich ruhend und großartig.

31–36 San Giovanni Battista bei Sovicille · Pfarrkirche

Als Klosterkirche bei Sovicille, wie das Vorhandensein eines nur teilweise und schlecht erhaltenen Kreuzganges beweist, muß die Kirche einige Zeit vor

1189 entstanden sein, da sie in diesem Jahre von Papst Clemens III. als Eigentum des Bischofs von Siena anerkannt wurde. Der Bau besteht aus drei Schiffen und drei Apsiden ohne Querhaus, doch erhebt sich auf dem Chor vor der Hauptapsis ein untersetzter Vierungsturm (31). Der Chor hat ein Tonnengewölbe, während die Nebenchöre vor den Seitenapsiden kreuzgewölbt sind. Die Schiffe haben heute eine Holzdecke; die Tatsache, daß die schönen Kreuzpfeiler bis oberhalb der Arkaden reichen, läßt darauf schließen, daß sie ursprünglich dazu bestimmt waren, die Gurtbögen eines Tonnengewölbes zu tragen, das sich über das ganze Mittelschiff ausdehnen sollte.

Obwohl der Plan in seiner Einfachheit auf lombardische Vorbilder zurückzuführen ist, deuten Tonnengewölbe und Vierungsturm auf französische Einwirkungen. Das wird auch durch die Untersuchung der Bauplastik bestätigt und genauer bestimmt. In der Fassade über dem Portal ist ein Relief eingesetzt mit der Darstellung eines Männleins, das ein Tier in einer Schlinge fängt (32 unten). Man bemerkt sowohl in der flachen und hart geschnitzten Reliefart als auch in den einzelnen Zügen — wie Pfoten, Kopf und Zähnen des Tieres — eine frappante Ähnlichkeit mit entsprechenden Gestalten auf einigen Kapitellen der Pfarrkirche zu Rozier-Côtes-d'Aurec im Forez. Ferner entspricht das Kapitell mit der Darstellung zweier nackter, von üppig entwickelten Ranken umschlungenen Menschen (33, Weinlese, Jagdszene auf dem Abakus) sowohl stilistisch als typologisch einem Kapitell der auvergnatischen Kirche Saint-Austremoine-d'Issoire. Ein weiteres Gegenstück dazu ist das Kapitell mit der gleichen Darstellung in Saint-Pierre zu Bessuéjouls in der Rouergue. In derselben Gegend bieten mehrere Kapitelle der Pfarrkirche Saint-Pierre zu Nant in der flachen, geschmeidigen Art wie reiche Pflanzenmotive sich den ornamentalen Erfordernissen einfügen, eine Parallele zu anderen Kapitellen von San Giovanni Battista. Wenn es schwieriger ist, für das Orantenkapitell (35) passende Gegenstücke anzuführen, muß man beachten, wie das Schmuckmotiv in der Mitte mit den weich eingeritzten Falten im Gewand der Figuren den eben erwähnten Pflanzenmusterkapitellen stilistisch entspricht, wogegen die energischen und plastischer gestalteten Köpfe denen auf dem obenerwähnten Kapitell auf Tafel 33 ähnlich sind. Das Löwenkapitell mit Drachen im Abakus (34) mutet besonders lombardisch an; die malerisch weiche Modellierung aber, die den Schnauzen einen lebhaften und beinahe witzigen Ausdruck verleiht, wirkt eher französisch. Daraus ist zu schließen, daß in Ponte allo Spino auvergnatische oder von der Auvergne beeinflußte Bildhauer und Baumeister am Werke waren. Dabei ist zu bedenken — was die Forschung noch gar nicht erkannt hat —, daß diese Strömung auvergnatischer Plastik nicht ohne enge Berührung mit der lombardischen Romanik entstanden sein kann.

37 *Cellole · Pfarrkirche Santa Maria Assunta*

Die Pfarrkirche des Dörfleins Cellole — auch Cellori genannt — liegt auf einer Anhöhe gegenüber der Stadt San Gimignano in einem kleinen Zypressenhain. Verschiedene Inschriften scheinen — wie allgemein angenommen wird — den Bau zwischen 1190 und 1238 zu datieren. Auf der Wand im ersten Joch (von Westen her) liest man REMOTA FUIT H (aec) PLEBIS A. MCXC IN ITA FACTA TEMPORE ILDE (Brandini) PLE (bani) (andere Lesart: MCXCIII

ITA . . .); auf einem Pfeiler A. MMC; im Schlußstein des ersten rechten Bogens
A.D. MCCXXXIII VIII ID. IVNII; auf der Fassade neben der Tür A.D. MCCXXXVIII
CONSUMATIO (oder »consecratio«?) PLEBIS. Nun könnte das Wort »remota«
der ersten Inschrift, falls es nicht irrtümlich vom Steinmetz für »renovata« gesetzt wurde, bedeuten, daß die Pfarrei 1190 oder 1193 anderswohin verlegt
wurde, wohl weil in der Kirche große Umbauten vorgenommen wurden.
Andererseits bezieht sich die als Abschluß der Arbeiten (oder als Weihedatum, wenn man »consumatio« als einen Irrtum an Stelle von »consecratio«
hält) angegebene Jahreszahl 1238 auf die Fassade. Da sich jedoch keine
dieser Inschriften und kein Datum in der Apsis befinden, liegt der Schluß
nahe — wie Moretti vorschlägt —, daß zwischen 1190 oder 1193 und 1238 die
Kirche in den Schiffen und in der Fassade erneuert wurde, daß aber die Apsis
einem älteren, noch in der ersten Hälfte des 12. Jahrhunderts entstandenen
Bau angehört. Wenn es sich so verhält, kann man die schöne, mit reich ver-
ziertem Rundbogenfries und Lünetten geschmückte Apsis, deren Verbindung
mit dem noch erhaltenen Fries von San Giusto in Volterra nicht zu leugnen
ist, als den Höhepunkt jenes lombardisch-auvergnatischen Schmuckstiles be-
trachten, der in einer Reihe von Kirchen im sienesischen Gebiet und besonders im Val d'Elsa erscheint. Die noch an Frankreich mahnende Eleganz der
Gesimse und des von zwei Säulen flankierten Fensters, die überquellende
Phantasie der Ornamentik, die Schlankheit der Proportionen in Bögen und
Konsolen und nicht zuletzt die Feinfühligkeit der lichtvollen Schmuckmotive
ergeben eine äußerst angenehme und fröhliche Wirkung, die aus diesem
kleinen Raum ein Meisterwerk der Volkskunst macht.

38 Controne · Pfarrkirche San Cassiano

Die Kirche in Valdilima, oberhalb von Bagni di Lucca, ist nicht datiert, doch
mag sie — wie Salmi annimmt — der zweiten Hälfte des 12. Jahrhunderts angehören. Die mit abwechselnden Blendarkaden und Rundbogenfriesen reich
gegliederte Fassade steht gewiß unter pisanisch-lucchesischem Einfluß. Doch
die Art, wie Bögen und Lünetten mit Motiven vorromanischer Herkunft geschmückt sind, scheint mit der obenerwähnten Gruppe von Kirchen des
Val d'Elsa in Verbindung zu stehen. Obwohl hier auch andere Motive in Erscheinung treten wie Tierfriese und Männleinfiguren, die man dort vermißt,
läßt die Anwesenheit sternartiger Rosetten und die ausgiebige Verwendung
von Flechtbändern und Knoten an den lombardisch-auvergnatischen Stil
denken. Ähnlich ist z. B. die Verwendung sich weitgehend entsprechender
Knotenflechtbänder, hier als Lünettenfüllung, dort als Türgiebel, in der schon
erwähnten Kirche zu Bessuéjouls in der Rouergue.
Die Wiederaufnahme so vieler vorromanischer Motive mag überraschend
wirken und vielleicht dazu verleiten, diese Kunstweise als höchst verspätete
und unbedeutende Erscheinung zu verwerfen. Man beachte jedoch, mit welch
neuem Geist, im Vergleich zum vorromanischen, diese altertümlichen Zier-
muster angewendet werden. Sie sind nicht mehr zufällig gestreut, um der
Masse eine allgemeine, undifferenzierte Belebung einzuprägen, sondern sie
unterstreichen die tektonische Gliederung der Massen und fügen sich vollkommen und mit einer bestimmten Funktion in das architektonische Ge-
webe ein. Unzeitgemäß mögen die Details wirken, nicht aber das sinnvolle,
organische und plastisch belebte Ganze.

Auf einer Anhöhe, am westlichen Abhang des Pratomagno im Casentinotal, oberhalb des rechten Arnoufers, steht neben den Ruinen der Burg der Grafen Guidi — Lehnsherren der Gegend — die Pieve San Pietro, eine der schönsten unter den romanischen Landkirchen der Toskana.

Eine auf zwei Kapitellen durchlaufende Inschrift TEMPORE FAMIS MCLII — ALBERICUS PLEBANUS FECIT ANC OP — ALBERICO PLEBANO FECIT (40) zeigt, daß die Kirche um 1152 gebaut wurde (vermutlich anstelle einer früheren kleineren Kirche, von der innerhalb der jetzigen Apsis einige Spuren aufgedeckt wurden). Pfarrer Albericus scheint nicht nur der Bauherr, sondern auch der leitende Bildhauer und vielleicht sogar der Architekt gewesen zu sein. Leider wurde der Bau, wohl infolge eines drohenden Erdrutsches, 1678 um zwei Joche im Westen verkürzt. Dreischiffig, flachgedeckt und mit offenem Dachstuhl, folgt er einem in den Landkirchen Mittel- und Oberitaliens weit verbreiteten Typus, welcher schon in vorromanischer Zeit viele Vorbilder hatte (39). Die ausgesprochene Entasis der Säulen ist ein antiker Zug, dem man in der Toskana schon im 11. Jahrhundert öfters begegnet. Am östlichen Ende beider Seitenschiffe sondert sich ein kleiner, tonnengewölbter Raum ab, den ein enger, niedriger, sich auf die letzten Säulen und auf eine Wandkonsole stützender lünettierter Rundbogen mit dem Chor in Verbindung bringt. Deutet die Anwesenheit des Tonnengewölbes auf französischen Einfluß hin, so ist diese eigentümliche Art, kleine Altarräume statt Nebenapsiden zu bilden, diesseits und jenseits der Alpen nirgendwo sonst zu finden. Zwei übereinander stehende Reihen ziemlich unregelmäßiger Blendarkaden bekleiden die runde Apsiswand, wobei die unteren Arkaden je eine schmale Schießschartenöffnung einfassen. Im oberen Rang rahmt jede zweite Arkade ein großes Fenster ein. Die Form der unteren Arkaden, deren Laibung ein dicker Rundstab ziert, findet man schon in den Außenfenstern von Sant' Abondio in Como, allerdings mit dem Unterschied, daß der durchlaufende Rundstab in Como zwei Kapitellchen am Bogenansatz hat, die hier fehlen. Solchen ununterbrochen durchgehenden Rundstäben begegnet man in der zweiten Hälfte des 12. Jahrhunderts — wohl unter lombardischem Einfluß — im Rheinlande. Schon in der ersten Jahrhunderthälfte erscheint das Motiv hier und da im Gebiete des französischen Zentral-Massivs, u. a. an den Apsisfenstern der Kirche zu Rozier-Côtes d'Aurec im Forez. Andererseits findet das System der oberen Blendarkaden, sogar mit weitgehender morphologischer Ähnlichkeit, im Gebiet Auvergne-Cévennes seine Entsprechung (Notre-Dame-du-Port in Clermont-Ferrand, St. Nectaire-Puy-de-Dôme, Perse und Nant in der Rouergue, usw.).

In den grob, doch kräftig skulptierten Kapitellen hat die Forschung den Höhepunkt der Tätigkeit einer Baugemeinschaft wandernder Steinmetzen erkannt, die in der zweiten Jahrhunderthälfte in vielen anderen Kirchen des Casentino und des oberen Arnotals gearbeitet hat. Die Stilbestimmung einer solchen zweifellos ausdrucksvollen, jedoch volkstümlichen und beinahe »barbarischen« Plastik hat der Forschung seit jeher große Schwierigkeiten bereitet (40—44). Im allgemeinen hat man sich damit begnügt, darin das Zusammenfließen lombardischer und östlicher Strömungen zu erblicken. Nun verdanken wir Dr. Maria Bracco (in einer noch unpublizierten Dissertation der Universität Florenz) die wichtige Beobachtung, daß weitgehende Ähn-

lichkeiten zwischen dem Stil unserer Kapitelle und der ebenso volkstümlichen, obgleich härteren und verhalteneren Art bestehen, in der verwandte
Figur- und Ziermotive der Kapitelle der eben erwähnten Kirche von Rozier
gemeißelt sind.

Die Kapitelle von Rozier, zusammen mit einer ganzen Reihe auvergnatischer Bauplastiken, leugnen andererseits nicht eine enge Verbindung mit der
Lombardei, was die Forschung bisher kaum anerkannt hat.

Zur Ikonographie der einzelnen Kapitelle ist das folgende zu bemerken.
Auf den Tafeln 40–42 sind drei Seiten des gleichen Kapitells abgebildet. Auf
dem Abakus der auf Tafel 40 abgebildeten Kapitellseite liest man den Schluß
der obenerwähnten Anschrift ALBERICUS PLEBANUS FECIT (H) ANC OP (ERAM),
d. h. Pfarrer Albericus schuf dieses Werk oder vielleicht: ließ dieses Werk
herstellen, was sich wahrscheinlich auf den ganzen Bau bezieht. Unter der
Inschrift das herkömmliche Motiv der Trauben als Symbol des Christentums.
Auf der hier gezeigten Seite des Kapitells selbst sieht man die Darstellung
der Evangelistensymbole des Lukas (Stier) und des Johannes (Adler). Auf der
Rückseite des Kapitells befindet sich die Darstellung von Petri Fischzug (41).
Auf der anliegenden Südseite (42) ist die Schlüsselübergabe dargestellt. Oben
auf dem Abakus, oberhalb des Weintraubenfrieses, läuft eine Inschrift mit
den Worten des Evangeliums, die sich auf die Schlüsselübergabe beziehen:
»Und ich will dir (Petrus) des Himmelreiches Schlüssel geben; alles, was du
auf Erden binden wirst, soll auch im Himmel gebunden sein, und alles, was
du auf Erden lösen wirst, soll auch im Himmel gelöst sein« (Matth. 16–18).
Schwieriger zu deuten sind die Darstellungen auf anderen Kapitellen: Wein-
trauben auf der Kapitellplatte, Betender und Engelfiguren auf dem Kapitell
selbst (43); Schmuckornamente, ein Kreuz und ein Vogel auf dem Abakus,
während ein überraschend elegant gestalteter Seraphim mit schleierartigen
Flügeln das Kapitell selbst schmückt (44).

Man kann also zusammenfassend sagen, daß sowohl in der Architektur
als auch in dem plastischen Schmuck die Pieve zu Romena neben einigen
französischen Zügen vor allem lombardische Stilmerkmale aufweist, doch in
einer von der mittelfranzösischen Romanik beeinflußten Fassung. So liegt der
Schluß nahe, in diesem Bau das Werk lombardischer Meister zu erblicken,
die auf der Wanderschaft die Kunst der Auvergne und der benachbarten
Länder kennengelernt hatten.

Trotz seiner uneinheitlichen Ausbildung erwies sich der Architekt dieser
edlen Landkirche als kein geringer Künstler. Die Einheit des Bauwerks, in
dem schlichte Einfachheit der Maße und weite Räumlichkeit der Schiffe mit
der starken, plastischen Belebung der Apsiswand sinnvoll kontrastieren, ist
in der Tat vollendet. Selbst die so überraschende Unregelmäßigkeit im Abschluß der Serie der Langhausarkaden durch einen winzigen Bogen dient
dazu, durch die Unterbrechung des sonst ruhigen Rhythmus den Übergang
vom stillen Langhaus zu der kräftig und fast dramatisch geformten Apsis
logischer zu gestalten, während andererseits die primitiv, aber kräftig gemeißelten Langhauskapitelle durch eine Reihe plastisch betonter Akzente
auf die ununterbrochene, plastische Beseelung der Apsiswand vorbereiten.
Wenn also Pfarrer Albericus nicht selbst Baumeister und Bildhauer gewesen
ist, dann müssen wir ihm die Fähigkeit zuerkennen, seinen Mitarbeitern
gegenüber in bemerkenswerter Weise Regie geführt zu haben.

Am Marktplatz des am Arnoufer im Casentino gelegenen Städtchens Stia steht die heute weitgehend entstellte Pfarrkirche Santa Maria Assunta. Um 1773 wurde die Kirche um ein Joch verkürzt und mit einer neuen Fassade versehen. Um dieselbe Zeit erhielten die Seitenschiffe neue Tonnengewölbe, während die Apsis umgebaut wurde. Doch erhielt die letztere durch eine vor etlichen Jahren unternommene Restauration ihr ursprüngliches Aussehen zum Teil wieder. Gut erhalten ist vor allem das Hauptschiff, welches in seinem aus Bruchstein (»Maligno«, grünlicher Kalkstein) bestehenden Mauerwerk und mit der betonten Entasis der Säulen in den Proportionen an die Pieve von Romena erinnert. Was hier jedoch fehlt, sind die Merkmale, die in Romena eine Beziehung zur französischen Baukunst aufweisen. Zwar scheint hier dieselbe Baugruppe am Werke gewesen zu sein, doch zu einer späteren Zeit, in der die Eindrücke der Wanderschaft jenseits der Alpen schon verblaßt waren, so daß nun alles in die alten Bahnen der lombardischen Tradition zurückgelenkt wird. Die oft schwer zu deutenden Kapitelle sind auch mit denjenigen der Kirche zu Romena eng verwandt. Doch verschwinden hier die in Romena noch vorhandenen Erzählungsthemen und die Kapitelle zeigen vorwiegend große einzelne Figuren wie z. B. eine durch den Bischofsstab gekennzeichnete Bischofsfigur (48), an deren Seiten, und zwar auf den Kanten unter den Voluten, zwei kleinere Diakonengestalten mit erhobenen Armen (Oranten oder Trägerfiguren?) stehen; ferner einen großen Engel mit enormen herabhängenden Flügeln, der merkwürdigerweise von zwei Händen unter den Achseln angefaßt wird und an den Seiten zwei an Zylindern hängende Menschenköpfe hat (47); oder eine große, antik drapierte Figur, die mit der rechten Hand eine riesengroße Traube ergreift, während sie mit der linken einen Gewandzipfel faßt (46). Höchst eigenartig ist an einem anderen Kapitell eine große Gestalt, deren Kopf wie gewöhnlich den Mittelpunkt zwischen den Voluten unter dem Abakus einnimmt, deren Leib unter einer dicken Decke, oder vieleicht einem großen Schild verborgen bleibt, während auf diesem Schild oder dieser Decke wieder ein Menschenkopf und zwei dicke Hände erscheinen (45). Diese äußerst herb geschnittenen, doch kräftig plastischen Skulpturen sind in ihrer primitiven Art großzügiger als die von Romena, und im allgemeinen ist hier die Tendenz entwickelter, das Kapitell in ein System großer und schwerer Blöcke gewissermaßen zu zergliedern, was der ganzen Bauplastik einen mächtigen, harten Rhythmus verleiht. Diesem Kunstwollen entspricht auch die blockhaft einfache Gestalt der glatten, abgerundeten Kapitellplatten, welche auf die noch in Romena vorhandene Verzierung verzichten. Das Streben nach betonter Einfachheit und Großzügigkeit entfernt diese Kapitelle von ihren auvergnatischen Vorbildern, zusammen mit dem traditionellen Charakter der Architektur lassen sie im Vergleich zu Romena auf eine etwas spätere Datierung schließen, etwa um 1160—65. Daß es sich um ein Werk derselben Meister handelt, steht außer Zweifel.

49, 50 *Strada · Pfarrkirche San Martino a Vado*

Die Pfarrkirche San Martino, im Dorfe Vado, einige Kilometer nordwestlich von Poppi im Casentino gelegen, scheint wohl in der leider zum Teil entstellten Architektur und Bauplastik ein weiteres Werk derselben Gruppe zu sein, die die Kirchen von Romena, Stia und Montemignaio gebaut und geschmückt hat. Die Kapitelle (die hier abgebildeten zeigen einen Ritter, wohl der Kirchenheilige Martin (49), und einen Löwen, dessen Schwanz ein Dreiblatt krönt (50) — ein Sinnbild des Christus in der Dreifaltigkeit —) sind besonders durch die Proportionen der Figuren und die Tendenz zu ihrer Isolierung, durch die Ähnlichkeit der ionischen Voluten und der massiven blockhaften Gestaltung mit den Kapitellen von Stia verbunden. Doch erscheinen die Figuren hier bedeutend verflacht und plastisch verarmt, obwohl sie einer gewissen, naiven Lebendigkeit nicht entbehren. Das läßt auf ein Spätwerk dieser Steinmetzengruppe und auf eine Datierung um 1175—80 schließen.

51 Gambassi · *Pfarrkirche Santa Maria a Chianni*

Das merkwürdigste unter den Kapitellen in der Pieve zu Stia im Casentino vermag uns über den Ursprung der eigenartigen Kapitelle von Chianni Aufschluß zu geben. Vergleicht man die eigentümlichen Menschenköpfe des genannten Kapitells zu Stia (45) mit denjenigen, die auf dem einen der hier abgebildeten Kapitelle von Santa Maria a Chianni erscheinen (51), so wird man in der groben, jedoch eindrucksvollen Gestaltung weitgehende Ähnlichkeiten feststellen können. Andererseits kehrt in einem anderen Kapitell das Motiv der von Menschenköpfen getragenen Säulen wieder, das wir in Romena antrafen und mit einer Gruppe auvergnatischer, von der Lombardei beeinflußter Bauplastik in Verbindung setzen konnten. Die Form der harten Blätter, deren mittlere Nervatur stark hervorgehoben ist, scheint auch dort ihre Vorstufen zu finden. Es kann sich also um Spätwerke der oben besprochenen Meistergruppe handeln, die unter lombardisch-auvergnatischer Einwirkung mehrere Landkirchen im Casentino und anderswo in der Toskana gebaut und geschmückt hat.

Doch können dieselben Meister nicht für den Bau der Kirche verantwortlich gemacht werden. Die Pfarrkirche von Chianni, wahrscheinlich 1184 bis 1209 neu gebaut, scheint in der Tat unter Mitwirkung mehrerer Baumeister verschiedener Herkunft entstanden zu sein. In diesem Bau, im unteren Elsatal gelegen, begegnen sich in glücklicher Mischung pisanische Einwirkungen (Fassade), Einflüsse der sienesischen Klosterbaukunst und französische Züge. Höchst eigenartig ist der (unter dem abgebildeten Kapitell) aus Zusammensetzung von vier Säulen mit einer Hauptsäule entstehende Bündelpfeiler, welcher in seiner reich modulierten Gliederung wieder an Frankreich erinnert.

52—55 San Gennaro bei Capannori · *Pfarrkirche San Gennaro*

Die bisher unpublizierten Kapitelle der Pfarrkirche San Gennaro wirken beim ersten Anblick durch ihren ausgeprägten und in der ganzen romanischen Plastik beispiellosen Sinn für Abstraktion geradezu verblüffend. Man findet nichts Vergleichbares in der Toskana oder im übrigen Italien und jenseits der Alpen, geschweige denn in dem sich von oberhalb Pistoia bis Lucca ausdehnenden Nievoletal (Val di Niévole), wo das Dorf liegt. Erst wenn man mit dem eigenartigen Stil der casentinischen Bauplastik vertraut worden ist, entdeckt man, daß jene Entwicklung, die wir von Romena bis Stia und Vado verfolgen konnten, zu letzter Konsequenz gekommen ist. In San Martino a Vado sind in einem Apsiskapitell die Blätter besonders hart und dick geworden, und darauf erscheinen, wie aufgedruckt, Blumen und Palmetten, genauso wie die sternartigen Blumen, die sich auf einem der Kapitelle zu San Gennaro (53) abzeichnen. Auch ist in Vado schon jeder organische Zusammenhang zwischen den Blättern verschwunden, die nunmehr so gut wie einzeln dastehen. Um die Abstraktionsstufe von San Gennaro zu erreichen, fehlte nur noch, daß die Blätter selbst die obere Abrundung einbüßten und zu rein ornamentalen Platten wurden. Man vergißt vollkommen den Ursprung des Motivs aus der Pflanzenwelt; selbst die eingeritzten Nervaturen nähern sich mehr und mehr dem Charakter rein ornamentaler Muster. Auf einem der Kapitelle von Vado werden Haare und Mähne des ganz flach gemeißelten Löwen (50) einfach eingeritzt: das wirkt als Vorstufe zu den kaum mehr erkennbaren Rinderköpfen (und zwar Rind und Kalb, nach außen und nach innen gewendet), die unter dem Abakus die Kanten eines Kapitells in San Gennaro kennzeichnen (55). Dabei entsprechen die leichte Aushöhlung und Abstumpfung der Kante zwischen Stirn und Nasenspitze den ornamentalen Erfordernissen des nun an die Stelle der Voluten getretenen Tiermotivs. Anderswo (54) ist die Zersetzung der plastischen Einheit der Kapitellform noch weiter fortgeschritten: aus all den ursprünglichen Pflanzenmotiven ist eine Reihe von Würfeln, Blöcken und Knöpfen geworden, die rein symbolische Zeichen eingeritzt tragen, während oben an den Seiten zwei Knoten eine äußerst vage Erinnerung an Menschenköpfe bewahren. Zweifellos ist es der Reiz dieser Kunst, daß man in einer Art mittelalterlichem Kubismus das mühevolle Suchen nach den geheimen geometrischen Wurzeln der Form wahrzunehmen glaubt.

Der Abstand zu den casentinischen Vorbildern (sowie die von Salmi schon in Betracht gezogenen Merkmale) der von Pisa her beeinflußten Architektur datieren Kirche und Kapitelle in das Ende des 12. Jahrhunderts.

Die Kanzel (52), die jeder naive Betrachter für viel jünger halten würde, ist dagegen bedeutend älter datiert: eine Inschrift bezeugt, daß sie im Jahre 1162 von einem Meister Philippus ausgeführt wurde, und da die Kirche eher am Ende des 12. Jahrhunderts in der jetzigen Gestalt gebaut zu sein scheint, so muß die Kanzel aus der älteren Kirche hinübergerettet worden sein. Der scheinbare Widerspruch findet seine Erklärung darin, daß Meister Philippus der Hauptströmung der pisanischen Plastik angehört. Sie beginnt mit der um 1312 nach Cagliari versetzten, aber ursprünglich im Dom von Pisa stehenden Kanzel des Meisters Guglielmo, der ein direkter Nachfolger des Pisaner Bildhauers ist. Der Tetramorph (die vier Evangelistensymbole — Matthäusengel, Markuslöwe, Lukasstier, Johannesadler zu einer einheitlichen Gruppe gestaltet — wobei der Adler verschollen ist) gleicht der entsprechenden Gruppe in Meister Guglielmos Kanzel zu Cagliari, die 1159 begonnen, 1162 beendet wurde. Philippus übernimmt von seinem Lehrer den statuarischen Charakter des Hochreliefs und den malerischen Reichtum in der Behandlung der Oberflächen, die Guglielmo seinerseits aus der provenzalischen Plastik hergeleitet hatte; allein er mildert die Strenge der Figuren durch feinfühlige Rhythmik und weichere Behandlung der Massen. Die schönen Einlegearbeiten mit Tiermotiven sind wohl mit der Florentiner Tradition (Fußboden im Baptisterium, Brüstung und Kanzel in San Miniato usw.) verbunden, doch sind Motive und Gestaltung durch Seidenstoffe von Lucca inspiriert.

In sanfter Hügellandschaft liegt einige Kilometer westlich von Pistoia die Pfarrkirche von San Michele in Groppoli, eine einfache Saalkirche mit einer einzigen Apsis. Sie stammt wohl aus der zweiten Hälfte des 12. Jahrhunderts und enthält eine reich skulptierte, rechteckige Kanzel, die sich auf drei Säulen und einem Wandpfeiler erhebt; dabei fußen zwei Säulen auf Löwen. Die Brüstung ist mit neutestamentlichen Reliefszenen geschmückt: abgebildet sind hier die beiden Reliefs der längeren Seite, die Geburt Christi und die Flucht nach Ägypten. Die Kanzel ist durch eine undeutliche Inschrift auf 1191 oder auf 1194 datierbar. Es handelt sich um das Werk eines Nachfolgers des großen Meisters Guglielmo, welcher 1159—62 unter provenzalischem Einfluß die schöne, später nach Cagliari versetzte Kanzel des Doms zu Pisa geschaffen hatte und am Ende seines Lebens, 1199, wohl auch die nunmehr zerstückelte Kanzel im Dom von Pistoia ausführen sollte. Die Forschung hat die Reliefs zu Groppoli meistens als sehr grob und naiv empfunden. Dieses allgemein verbreitete Urteil scheint ungerecht, denn es handelt sich um eine unbefangene Übersetzung des edlen Stils des Guglielmo in die Volkssprache, und so entbehrt diese Fassung der heiligen Legende nicht eines eigenen poetischen Hauchs. Man beachte z. B. das Geburtsrelief (56): bei aller Härte, mit der die Figuren gemeißelt sind, waltet doch im ganzen eine subtile Grazie, die in den feinfühligen rhythmischen Verhältnissen sowohl in der Komposition als auch im Gewande der Jungfrau zum Ausdruck kommt. In der Flucht nach Ägypten (57) ist außerdem eine ikonographische Seltenheit zu bemerken: im gleichen Relief ist auch die Verkündigung an die Hirten dargestellt, eine Szene, die normalerweise zusammen mit der Geburt gebracht wird. Daraus entsteht schon in den erzählerischen Voraussetzungen eine idyllische Stimmung, welche dann in der Zärtlichkeit des wiegenden Kompositionsrhythmus und in der sanft malerischen Behandlung der Oberflächen völlig zur Geltung kommt.

58 *San Cassiano bei Settimo · Pfarrkirche*

Im Türsturz des Mittelportals eingeschrieben ist das Datum 1180, das dem ganzen Bau eine Datierung um diese Zeit sichert. Offenbar wurde — wahrscheinlich wegen finanzieller Schwierigkeiten — der ursprüngliche Bauplan nicht ganz eingehalten, so daß Obergaden und oberer Teil der Fassade zu niedrig und fast zwergenhaft gerieten. Diese Vermutung wird durch das Vorhandensein von Säulenansätzen an der Giebelbasis bekräftigt. Sie deuten auf die Absicht hin, eine Loggia wie in Pisa zu bauen. Wenn man jedoch davon absieht und die Aufmerksamkeit auf den unteren Teil der Kirche konzentriert, so muß man die einfache klare Gliederung der Massen mit dem Hauptmotiv der Blendarkaden bewundern, die aus diesem Bau eine der schönsten Nachahmungen des Pisaner Domes macht. Es ist jedoch zu bemerken, daß das Vorbild hier nicht so sehr bei der Kathedrale selbst als bei etwas späteren Kirchen von Pisa wie etwa San Paolo a Ripa d'Arno (Weihung 1148), San Paolo all'Orto, San Matteo und anderen zu suchen ist, wo die Halbsäulen bereits durch Pilaster ersetzt sind.

Der Türsturz des Mittelportals trägt neben der Jahreszahl 1180 auch den Namen des Bildhauers (und Baumeisters?): Biduinus; deutliche Stilähnlichkeiten bei dem plastischen Schmuck der Seitenportale (58 unten) verweisen auf denselben Künstler. In dieser Darstellung zweier ein Schaf anfallender Greifen erweist sich Biduinus als ein Schüler des Stammvaters der pisanischen Bildhauerei der Romanik, Guglielmo, doch weist er, besonders in den Tierdarstellungen, eine gewisse Härte auf, die wohl auf eine Einwirkung der in die Toskana, besonders nach Lucca, einströmenden lombardischen, bei campionesischen Wander-Baugemeinschaften geschulten Künstler zurückzuführen ist. Biduinus war übrigens auch in Lucca tätig.

III, 59—75   Gropina · Pfarrkirche San Pietro

Die Pfarrkirche von San Pietro zu Gropina bei Loro Ciuffenna, am Abhang des Pratomagno im oberen Arnotal gelegen, ist eine der schönsten, am reichsten geschmückten, dabei eine der problematischsten unter den toskanischen Landkirchen. Die Pfarrei ist schon im 8. Jahrhundert erwähnt, der jetzige Bau gehört aber wohl der romanischen Epoche an. Die Kirche hat drei Schiffe, kein Querhaus und eine einzige Apsis. In beiden Seitenschiffen ist das letzte Joch im Osten kreuzgewölbt, was eine Verbindung zur Pfarrkirche von Romena zeigt, wo die kleineren Joche am Ostende der Seitenschiffe tonnengewölbt sind.

Auf einem Fenster des Glockenturms ist die Jahreszahl 1233 eingeschrieben. Das ergibt für den Bau der Kirche einen Terminus ante quem, da sich der Turm der Kirche deutlich auf ihre Seitenmauer stützt. Die mit Blendarkaden und Zwerggalerie versehene Apsis (III) erinnert stark — trotz der hier erscheinenden ländlicheren Formen — an das Kompositionssystem vom Dom zu Modena und anderer emilianischer Kathedralen des 12. Jahrhunderts. Das geknotete Säulenpaar der Galerie ist ein Motiv, das diesen Bau mit der sich ungefähr 1170—1220 im Dom von Modena entwickelnden Tätigkeit der campionesischen Meister (Chorlettner, Porta Regia, Fensterrose, Glockenturm usw.) verbindet. Die Meister aus Campione waren bekanntlich eine Gemeinschaft in der Provence geschulter Baumeister und Bildhauer. Nun deuten die beiden übereinander gelegenen Galerien der inneren Apsiswand auf den Ursprung aus provenzalischen Vorbildern (Notre-Dame zu Le Val-des-Nymphes) hin. Die Kapitelle der linken Seite (59—63) sind andererseits sowohl mit dem Stil der Skulpturen im Chorlettner von Modena (1170—80) als auch direkt mit Kunstformen der Provence verbunden. Da wir wissen, daß die Pfarre von Gropina bis 1191 (als sie dem Lehnsherrn des Landes, Guido Guerra, Graf vom Casentino, übergeben wurde) im Besitz der mächtigen Abtei von Nonantola bei Modena gewesen ist, liegt der Schluß nahe, daß der Bau und sein plastischer Schmuck das Werk einer Gruppe aus Modena herbeigerufener campionesischer Meister war, und zwar vor 1191, wie es sowohl die Verbindung mit dem Chorlettner von Modena als auch die historische Wahrscheinlichkeit verlangt. Die Sache liegt aber etwas komplizierter, da die Kapitelle der rechten Seite (70—75) und die Kanzel (64—69) im Vergleich zu den Gegenstücken des linken Seitenschiffes einen vollkommen anderen Stil zeigen. Nicht nur wirken hier die einfachen, nach unten eiförmig gerundeten Kapitellplatten archaischer als die abgestuften und reicher modellierten Platten der Gegenseite, sondern sie weisen die plastisch kräftige, aber herb geschnittene Gestaltung von Figuren und Schmuckformen auf, die mit dem auvergnatisch-lombardischen Stil der casentinischen Schule (Romena, Stia, Vado usw.) deutliche Verbindungen zeigt. Die von anderen Gelehrten ausgesprochene Vermutung, die Kirche sei ursprünglich einschiffig gewesen und habe später nacheinander das rechte (nach 1191) und das linke (um 1230) Seitenschiff erhalten, muß entschieden zurückgewiesen werden: nicht nur, weil zweischiffige Kirchen nur selten vorkommen (und niemals, soviel ich weiß, in romanischer Zeit in der Toskana), sondern vor allem, weil die Meister der archaischen casentinischen Baugruppe schon unter dem Einfluß ihrer moderneren campionesischen Kollegen gearbeitet zu haben scheinen. In der Tat spürt man bei einigen Kapitellen der rechten Seite (73—75) im Vergleich zu den üblichen Arbeiten der casentinischen Steinmetze eine reichere und plastisch organischere Formengliederung, die nur unter der Einwirkung der campionesischen Schule entstanden sein kann, während in der von denselben archaisierenden Bildhauern hergestellten Kanzel das campionesische Motiv des geknoteten Säulenpaares (64, 68) wieder erscheint. So muß man annehmen, daß die beiden Baugruppen gleichzeitig gearbeitet haben: wahrscheinlich waren die aus Modena gerufenen Meister nicht in genügender Zahl vorhanden, so daß sie die Hilfe lokaler Arbeitskräfte suchen mußten. Möglich, doch nicht wahrscheinlich, wäre es auch, daß die Meister aus dem Casentino das Werk übernommen haben, als infolge der 1191 vollzogenen Abtretung der Pfarre die Meister aus Modena in die Heimat zurückgerufen wurden. (Wie dem auch sei, es steht fest, daß die in ihren Arbeiten älter anmutenden Künstler entweder gleichzeitig oder gar später als ihre moderneren Kollegen am Werke waren.)

Die Pfarrkirche von Gropina teilt mit der von Romena den Ruhm, die schönste Landkirche im ganzen oberen Arnotal (Valdarno Superiore und Casentino) zu sein. Der schwere Rhythmus, der auf dicke und fühlbar geschwollene Säulen sich stützenden Arkaden, bekräftigt durch den einmaligen Stützenwechsel (zwei viereckige Pfeiler zwischen dem zweiten und dem dritten Joch von Osten) mündet in das plastisch stark und zugleich antikisch feierlich gegliederte Halbrund der Apsis, während gegen Osten der Lauf der Seitenschiffe von einem Gurtbogen sinnvoll unterbrochen wird. Während die schönen Kapitelle der linken Seite (59—63) noch ein Nachhall von Formen der noch plastisch sicheren, noch elegant schmuckvollen, lombardischen Plastik in ihrer letzten Blüte sind, entwickeln die archaisierenden Kapitelle der Gegenseite (70—75) die äußersten Ausdrucksmöglichkeiten einer naiv volkstümlichen Kunst in phantastischer Übersteigerung. Die äußerst originell gestaltete und geschmückte Kanzel ist denselben Steinmetzen zugehörig (64—69). Diese Kunst erreicht einen seltenen, die Menschen von heute besonders ansprechenden Gipfel der Abstraktion.

Noch einige Bemerkungen zu dem ikonographischen Inhalt der verschiedenen, auf den nachfolgend genannten Tafeln abgebildeten Darstellungen:

(59)   Eine augenscheinlich von antiken Theatermasken inspirierte Teufelsfratze.

(62, 63)   Auf diesem Kapitell wird die Bestrafung der Unkeuschheit in der Hölle dargestellt: dämonische Untiere beißen die unkeuschen Weiber in die Brüste, während Luzifer seinen Zorn dartut, indem er an seinem Bart zieht (in dem Ende des 11. Jahrhunderts entstandenen Chanson de Roland gibt Karl der Große seiner Empörung Ausdruck in dem er »sa barbe blanche tiret«).

(65–67) Eine von Untieren angefallene Figur, ein Seraphim, ein Meer-weib, sind phantasievoll auf der Kanzelbrüstung eingemeißelt: ihre symbolische Bedeutung ist schwer zu bestimmen. Überraschend schön und wegen seiner Einmaligkeit höchst interessant ist das auf Tafel 67 abgebildete, völlig ornamental stilisierte Männlein. Zu der vom naturalistischen Standpunkt aus unvereinbaren Unbeholfenheit in der Wiedergabe der menschlichen und tierischen Körper gesellt sich bei diesem in seiner Art genialen Bildhauer ein hoch entwickelter, ja sogar feiner Sinn für die Dekorationswerte von geometrisierenden Mustern. In historischem Sinne kann die Pieve zu Gropina durch das Zusammenfließen zweier Hauptströmungen der toskanischen Romanik als eine Art Summa oder abschließendes Meisterwerk der toskanischen Baukunst und Plastik auf dem Lande in romanischer Zeit gelten.

(68, 69) Die kleinen Figuren auf dem Kämpfer der Doppelsäule erscheinen in der typischen Haltung der christlichen Oranten (Beter). Da jedoch eine die Hände klagend auf die Schläfen preßt, ist es wahrscheinlicher, daß hier Trägerfiguren gemeint sind, welche — wie es deutlich anderswo in der romanischen Skulptur zum Ausdruck kommt — unter der Last leiden.

(74, 75) Auf diesem Kapitell ist der Kampf der Tugenden gegen das Laster, mehr oder weniger nach Prudentius' Psychomachie, dargestellt. Die mit ausgesprochenem männlichem Glied versehenen Männlein an den Kanten sind entweder als Symbol der Unkeuschheit oder als Anspielung auf das Heidentum zu deuten.

76, 77 Barga · Pfarrkirche (jetzt Dom) San Christophoro

Die Fassade ist ausnahmsweise geradlinig und damit verbirgt sie vollständig den Höhenunterschied der Schiffe. Das wird dadurch erklärt, daß die heutige Fassade ursprünglich die Seitenmauer einer anders orientierten Kirche aus dem 11. Jahrhundert bildete, welche dem neuen Bau einverleibt wurde und heute eine Art Vorhalle oder inneren Narthex der neuen Kirche bildet. Doch wurde diese ältere Mauer erst in den achtziger Jahren des 12. Jahrhunderts mit dem doppelten Blendarkadenfries geschmückt. Die Datierung wird durch den Vergleich mit dem plastischen Schmuck der Zwerggalerien auf der Fassade von San Martino in Lucca gesichert; in der Tat weisen die mit Tiergestalten und Kriegerfiguren gezierten Konsolen des unteren Blendbogenfrieses einen dem plastischen Schmuck einiger Säulen in Lucca sehr ähnlichen Stil auf. Es handelt sich hier wie dort um das Werk von Steinmetzen lombardischer Herkunft.

Die schwach eingeritzten, aber kräftig gezeichneten laufenden Tiere der Chorschranken scheinen einer reizenden, beinahe zeitlosen Kunst anzugehören (77): in der unbändigen, mit den einfachsten Mitteln wiedergegebenen Unaufhaltsamkeit der blitzschnellen Bewegung mögen sie sogar an altkretische oder skytische Tierdarstellungen erinnern. Es ist nicht ausgeschlossen, daß sie von orientalischen Geweben inspiriert wurden. Im Rahmen der romanischen Kunst sind sie Spätlinge. Salmi hat bewiesen, daß Kanzel, Chorschranken und Taufbecken stilistisch zusammenhängen, und das es urkundlich feststeht, daß erst 1256 das Taufrecht von der benachbarten Pfarrkirche zu Loppia nach Barga übertragen wurde, so müssen das Taufbecken, die Kanzel und die Chorschranken damals entstanden sein. Man bedenke, daß nur

ein paar Jahre diese volkstümliche Kunst von den vollkommen neuen, großartig antikisierenden Formen der 1260 datierten Pisaner Kanzel von Nicola
Pisano trennen.

78 *Diecimo (Borgo a Mozzano) · Pfarrkirche*

Nicht weit von Lucca wurde gegen Ende des 13. Jahrhunderts in der strengen Landschaft des Sérchiotales die Pfarrkirche von Diecimo bei Borgo a Mozzano in einfachen, wohlproportionierten Formen als dreischiffiger Bau mit
einer Apsis errichtet. Das sonst schlichte Kirchengebäude zeichnet sich durch
den breit angelegten, hohen Glockenturm aus, einen der schönsten in der
ganzen Toskana. Viereckig, an den Kanten durch flache Lisenen eingerahmt,
besteht dieser Turm aus vier Stockwerken, von denen das unterste sich nach
unten in einen hohen Sockel verlängert. Jedes Stockwerk ist durch einen
Rundbogenfries vom nächsten getrennt, während die Öffnungen von der
Monophore der ersten Etage bis zum Quadriforum der letzten regelmäßig
fortschreiten. Es ist klar und allgemein anerkannt, daß der Turm in Gestalt
und Gliederung auf lombardische Vorbilder zurückzuführen ist. Doch sollte
es nicht unbeachtet bleiben, daß der Typus, auch wenn er schon im 11. Jahrhundert (San Satiro zu Mailand und Abtei von Pomposa) in lombardischem
Gebiet vorgebildet und weiter entwickelt wurde, doch nirgendwo eine so fort-
geschrittene und organische Entwicklung erreicht hat wie hier, außer vielleicht in dem etwas späteren Turm von Sant'Jacopo all'Altopascio (im Val di
Niévole, auch bei Lucca) und in der Abtei Saint-Michel-de-Cuxa im Roussillon
(wohl auch unter lombardischem Einfluß). Da andererseits Altopascio auf der
Via Francisca, dem Pilgerweg von Frankreich, stand und Saint-Michel-de-Cuxa
auf dem Pilgerweg nach Santiago de Compostela lag, so ist es gar nicht ausgeschlossen, daß die in der Toskana und im Roussillon so ähnlichen Türme
miteinander zusammenhängen. Wahrscheinlich galt beiden Türmen der kurz
nach 1147 errichtete Glockenturm von San Frediano in Lucca als Vorbild.

79—85 *Brancoli · Pfarrkirche San Giorgio: Weihwasserbecken, Kanzel*

Aus der zweiten Hälfte des 12. Jahrhunderts stammt die Pfarrkirche von
Brancoli oberhalb von Lucca. Sowohl die schöne Kanzel (79—81) als auch das
kräftig skulptierte Weihwasserbecken (82—84) scheinen einer Kunstströmung
anzugehören, die von dem um 1204 im Dom zu Lucca tätigen campionesischen Meister Guidetto abhängig war. Dabei muß man jedoch die kräftige,
aber harte Plastik des von einem Meister Raitus signierten Weihwasserbek-
kens, an dem der Stein in einer an Treibarbeit gemahnenden Technik ausgesprochen metallisch behandelt ist, unterscheiden von der viel feineren
Kunst des anonymen Bildhauers der Kanzel. Obwohl die rechteckige Form
der durch Arkaden gegliederten Kanzel auf einen in Süditalien weit verbreiteten Typus zurückzuführen ist — wobei es nicht klar ist, auf welchem Wege
er hierher gelangte —, deutet der Stil ganz deutlich auf die campionesische
Schule hin und genauer auf die kräftig harte Kunst des zweifellos aus der
Schule von Campione stammenden Guidetto, der 1204 in einer Säule der
Loggia an der Domfassade von Lucca seinen Namen eingeritzt hat. Da sowohl der Bildhauer der alten Domkanzel von Pisa — heute in der Kathedrale
zu Cagliari, Sardinien — als auch die Meister von Campione (tätig am Chor-

lettner der Kathedrale von Modena, an den Chorschranken des alten Mailänder Domes, in der Kathedrale von Chur und sogar im Basler Münster) aus der gemeinsamen Quelle der provenzalischen Plastik geschöpft haben, kann man beim ersten Anblick nicht leicht unterscheiden, was unter den um 1200 in der Toskana entstandenen Bildwerken der Nachfolgerschaft Guglielmos und der Schule von Campione bzw. Guidettos zuzuschreiben ist. Doch unterscheiden sich die Werke der campionesischen Strömung durch größere Härte, schlichtere Gestaltung und durch den Verzicht auf malerische Wirkungen, was wir gerade in den Rankenfriesen, in der Davidfigur und in den wunderschönen, an die von Chur erinnernden Löwen der Kanzel wahrnehmen (80, 81). Die dreischiffige, durch Stützenwechsel (eine Säule und ein viereckiger Pfeiler) gegliederte Kirche hat Kapitelle mit antikisierenden Blattmotiven, die auf die zweite Hälfte des 12. Jahrhunderts hinweisen. Das hier abgebildete (85) Kapitell mit Adlern und einer Engelsfigur bildet eine Ausnahme: trotz seines archaischen, an die vorromanische Kunst erinnernden Aussehens ist es wohl in dieselbe Zeit wie die anderen zu datieren. Das wird unter anderem durch die Feinfühligkeit in Modellierung und Oberflächenbehandlung der altertümlichen Motive bewiesen. Möglicherweise mit der casentinischen Steinmetzschule stilistisch verbunden, ist es ein interessantes Zeugnis von Beharrlichkeit altherkömmlicher Formen in der Spätromanik im lucchesischen Gebiet.

IV, 86, 87 *Oratorio San Galgano bei Chiusdino*

Das Oratorium von San Galgano, auch »die Rotunde« genannt, steht in der Nähe des Dorfes Chiusdino auf dem Hügel Montesiepi. Es liegt oberhalb der später erbauten, heute als großartige Ruine ragenden Abteikirche San Galgano, einem der frühesten Bauten der Zisterzienser-Gotik in Italien. Auf diesem Hügel, wo am 3. Dezember 1181 der junge Einsiedler Galgano Guidotti im Rufe der Heiligkeit gestorben war, ließ der Bischof von Volterra, Ugo Saladin (gest. 1184), den heutigen Bau als Mausoleum errichten; die Einweihung fand dann, nach erfolgter Heiligsprechung des Einsiedlers (1185 oder 1186), durch Saladins Nachfolger Ildebrando Pannocchieschi statt. Neben der Kirche entstand schon von Anfang an ein kleines Kloster oder Zönobitenhaus, welches, wie dokumentarisch belegt ist, auch einen Kreuzgang besaß. Es ist anzunehmen, daß die nunmehr durch spätere Umbauten fast völlig entstellten Klostergebäude sich ursprünglich nicht an die Kirche anlehnten, so daß letztere in ihrer runden Gestalt völlig zur Geltung kam. Ursprünglich waren die Außenwände auch nicht so hoch wie heute und ließen die mit einer später abgenommenen bleiernen Kalotte bedeckte Kuppel frei. Die Untersuchung des Materials läßt darauf schließen, daß der ganze obere Teil des Außenbaues, welcher mit dem doppelten Backsteinfries anfängt, gleichzeitig mit der nach 1340 entstandenen, rechteckigen Kapelle (welche ein wohlbekanntes Fresko Ambrogio Lorenzettis enthält) errichtet wurde. Früher, wohl nur wenige Jahre nach dem Bau der runden Kirche, war schon eine rechteckige, mit einem antikisierenden Portal versehene Torhalle angebaut worden. Ursprünglich ist dagegen die kleine, halbkreisförmige Apsis. Es ist so gut wie sicher, daß anfangs eine ähnliche Kranzleiste wie bei ihr das Gesims des Hauptbaues gebildet hat.

Der Typus eines solchen von einer halbkreisförmigen, rippenlosen Kuppel gekrönten Gebäudes ist im Mittelalter höchst selten und anscheinend nur hier und da gegen Ende des 12. Jahrhunderts in Katalonien zu finden. Es handelt sich also, besonders in diesem Falle, um die bewußte Wiederaufnahme eines antiken Grabmaltypus. Selbst das Mauerwerk, dessen Steinquadern durch Ziegelfriese belebt werden, deutet auf römische und spätrömische Vorbilder hin, ebenso auch die Reihe der sich am Kuppelansatz öffnenden »Oculi«. Die Art der Verwendung all dieser, von einer alten und edlen Tradition übernommenen Motive beweist die hohe Originalität des Baumeisters und seine enge Beziehung zu jenem ausgesprochen sienesischen Kunstwollen, das sich schon in einigen romanischen Kirchen der Gegend diskret gezeigt hatte und die Baukunst Sienas im 13. Jahrhundert prägen sollte.

Ein warmer Dikromismus (Zweifarbigkeit) kennzeichnet den Bau innen und außen. Oberhalb eines hohen Steinquadersockels folgt regelmäßig nach jeder grauen Steinschicht ein dreifacher Reifen roter Ziegel. Der Quadersockel reicht bis oberhalb der unteren Karniesleiste der Fenster, was im Innern auch dem Ansatz der Apsishalbkuppel sinngemäß entspricht. Der Farbenwechsel, der den ganzen oberen Teil des Bauwerks außen und innen kennzeichnet, erhält in der hemisphärischen, sich nach antikem Brauch aus einer Reihe aufeinanderliegender Ringe zusammensetzenden Kuppel seine prägnanteste Wirkung; denn hier, in der steten Abwechslung von Stein und Ziegel, fällt der Rhythmus des Farbenschmuckes mit der strukturellen Schichtung zusammen. »Die konzentrischen grauweißen und roten Reifen scheinen sich in Schatten- und Lichtwellen auszudehnen und den kreisförmigen Rhythmus des Gebäudes ins Unendliche zu übertragen« (Lidia Bianchi). In seiner klaren, abgeschlossenen und durch Farbenspiele beseelten Räumlichkeit stellt das Oratorium von San Galgano ein frühes Meisterwerk der sienesischen Bautradition dar.

88 *San Quirico d'Orcia · Stiftskirche San Quirico*

Die ein großes Doppelfenster schmückende Trägerfigur (neben dem Südportal, das Giovanni Pisano oder seiner Schule zugeschrieben wird) wurde manchmal für spätromanisch gehalten. Keine der uns bekannten Trägerfiguren romanischer Zeit – nicht einmal die hoch entwickelten campionesischen Stücke am Chorlettner von Modena oder von Chur – erreichen die souveräne Freiheit dieser herrlichen Gestalt. Man spürt hier nichts mehr von der gewohnten Härte der campionesischen Figuren; die Formen sind unvergleichlich breiter geworden, der Aufbau dieser Gestalt fußt auf einem höchst prägnanten Kontrapost, so daß der Ausdruck des schweren, hoffnungslosen Leidens einen außerordentlich starken Widerhall findet. Solche Ergebnisse konnten erst im Rahmen eines gotischen Kunstwollens erreicht werden. Auch scheint diese Figur etwas von dem edlen Geist des freilich ganz anders klassisch abgewogenen sogenannten »Zwergen« am Postament der Pisaner Kanzel des Nicola Pisano zu bewahren. Dies alles zwingt uns zu dem Schluß, das wundervolle Werk sei im engeren Kreise Giovanni Pisanos entstanden, da um 1280–90 er selbst und seine Schule am Südportal von San Quirico die bekannten Karyathidenfiguren schufen.

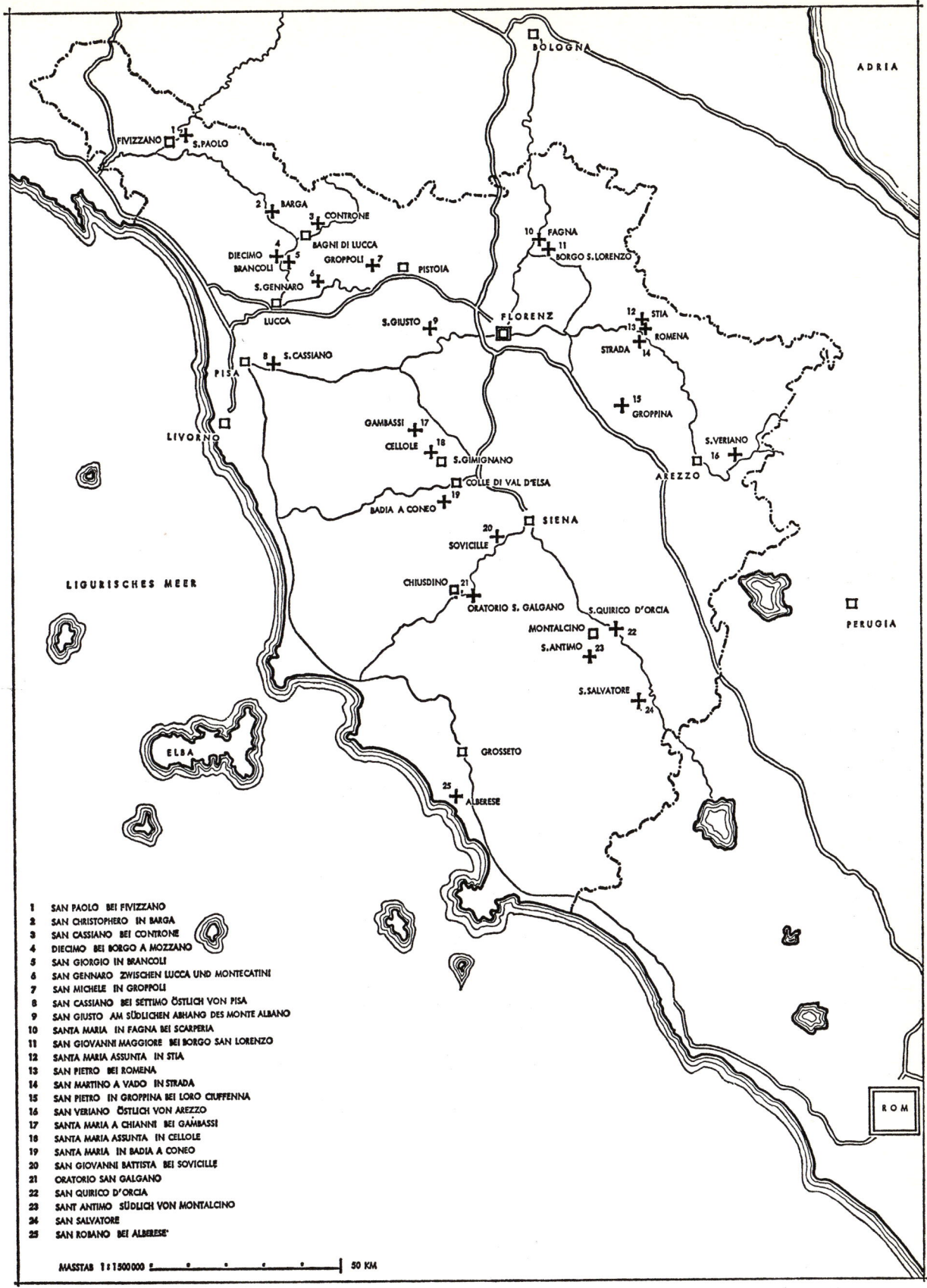

ADRIA

BOLOGNA

FIVIZZANO 1 S.PAOLO

2 BARGA
3 CONTRONE
DIECIMO 4 5 BAGNI DI LUCCA
BRANCOLI
GROPPOLI 7
S.GENNARO 6
LUCCA
PISA
8 S.CASSIANO

10 FAGNA
11 BORGO S.LORENZO

S.GIUSTO 9
FLORENZ

12 STIA
13
STRADA 14 ROMENA

15
GROPPINA

S.VERIANO
16

AREZZO

PERUGIA

LIVORNO

GAMBASSI 17
CELLOLE 18
S.GIMIGNANO
COLLE DI VAL D'ELSA 19
BADIA A CONEO
SIENA
20
SOVICILLE

CHIUSDINO 21
ORATORIO S.GALGANO
S.QUIRICO D'ORCIA
MONTALCINO 22
S.ANTIMO 23
S.SALVATORE 24

LIGURISCHES MEER

ELBA

GROSSETO

25
ALBERESE

ROM

1 SAN PAOLO BEI FIVIZZANO
2 SAN CHRISTOPHERO IN BARGA
3 SAN CASSIANO BEI CONTRONE
4 DIECIMO BEI BORGO A MOZZANO
5 SAN GIORGIO IN BRANCOLI
6 SAN GENNARO ZWISCHEN LUCCA UND MONTECATINI
7 SAN MICHELE IN GROPPOLI
8 SAN CASSIANO BEI SETTIMO ÖSTLICH VON PISA
9 SAN GIUSTO AM SÜDLICHEN ABHANG DES MONTE ALBANO
10 SANTA MARIA IN FAGNA BEI SCARPERIA
11 SAN GIOVANNI MAGGIORE BEI BORGO SAN LORENZO
12 SANTA MARIA ASSUNTA IN STIA
13 SAN PIETRO BEI ROMENA
14 SAN MARTINO A VADO IN STRADA
15 SAN PIETRO IN GROPPINA BEI LORO CIUFFENNA
16 SAN VERIANO ÖSTLICH VON AREZZO
17 SANTA MARIA A CHIANNI BEI GAMBASSI
18 SANTA MARIA ASSUNTA IN CELLOLE
19 SANTA MARIA IN BADIA A CONEO
20 SAN GIOVANNI BATTISTA BEI SOVICILLE
21 ORATORIO SAN GALGANO
22 SAN QUIRICO D'ORCIA
23 SANT ANTIMO SÜDLICH VON MONTALCINO
24 SAN SALVATORE
25 SAN ROMANO BEI ALBERESE

MASSTAB 1:1500000 50 KM

37

Geographisches Register

1   Alberese in Maremma. Ruine der Abteikirche San Robano

2   Abtei San Veriano

3   San Giusto. Ehem. Abteikirche

4   San Salvatore. Krypta der Abteikirche. Kapitelle. Oben: Fuchs mit Hahn; unten: Tiere
    mit Trauben

5   San Salvatore. Krypta der Abteikirche. Kapitelle. Oben: Stierköpfe; unten: Mann mit
    Pferd

6   Borgo San Lorenzo. Pfarrkirche San Giovanni Maggiore

7   Borgo San Lorenzo. Pfarrkirche San Giovanni Maggiore. Kanzel

8 Borgo San Lorenzo. Pfarrkirche San Giovanni Maggiore. Detail der Kanzel:
   Vase

9 Borgo San Lorenzo. Pfarrkirche San Giovanni Maggiore. Detail der Kanzel:
   Vase mit Blattmotiven

10   Fagna bei Scarperia. Pfarrkirche Santa Maria. Taufbecken

11   Fagna bei Scarperia. Pfarrkirche Santa Maria. Taufbecken. Detail mit gegenüberstehenden Vögeln

12 San Paolo bei Fivizzano. Pfarrkirche. Kapitell: Weibliche Figur mit Dreiblättern

13 San Paolo bei Fivizzano. Pfarrkirche. Kapitell: Wolf

14   Abteikirche Sant'Antimo. Teil des Chores mit karolingischer Kapelle

15 Abteikirche Sant'Antimo

16   Abteikirche Sant'Antimo. Hauptportal

I   Castelnuovo dell'Abate. Abteikirche Sant'Antimo. Südportal

17   Abteikirche Sant'Antimo. Kapitell neben dem Haupteingang: Löwe

18 Abteikirche Sant'Antimo.
Skulpturen am Turm: Madonna mit Kind und Evangelistensymbolen

19   Abteikirche Sant'Antimo. Skulpturen am Turm: Chimäre

20 Abteikirche Sant'Antimo. Oben: Außenkapitell am Chor: Ungeheuer;
    unten: Kapitell: Fabel vom Wolf und Hund

21   Abteikirche Sant'Antimo. Innenansicht der Kirche

22 Abteikirche Sant'Antimo. Kapitell: Zentaur und Löwe

23   Abteikirche Sant'Antimo. Kapitell: Daniel in der Löwengrube

24 Abteikirche Sant'Antimo. Kapitell: Ziegenköpfe und Flechtbandmuster

25 Abteikirche Sant'Antimo. Kapitell: Widderköpfe und Schachbrettmuster

26 Abteikirche Sant'Antimo. Kapitell: Köpfe von Ziegenböcken

27 Abteikirche Sant'Antimo. Kapitell im Chorumgang: Adler (Onyxalabaster)

28   Abteikirche Sant'Antimo. Kapitell: Greifen (Onyxalabaster)

29   Abteikirche Sant'Antimo. Kapitell: Palmetten und Kugeln

30 Abteikirche Sant'Antimo. Oben: Kapitell: Riefen und Kugeln (Onyxalabaster);
unten: Kapitell: Palmetten

II Coneo. Abteikirche Santa Maria. Ansicht von Osten

31   San Giovanni Battista bei Sovicille. Pfarrkirche

32 San Giovanni Battista bei Sovicille. Pfarrkirche. Von der Fassade: Zwei Fabeltiere

33   San Giovanni Battista bei Sovicille. Pfarrkirche. Kapitell: Jagdszene und Weinernte

34   San Giovanni Battista bei Sovicille. Pfarrkirche. Kapitell: Löwen und Drachen

35   San Giovanni Battista bei Sovicille. Pfarrkirche. Kapitell: Betender Ritter

36 San Giovanni Battista bei Sovicille. Pfarrkirche. Kapitell im Vierungsturm: Ornamentale Schmuckmotive

37   Cellole. Pfarrkirche Santa Maria Assunta. Apsis

38   Controne. Pfarrkirche San Cassiano. Detail der Fassade

39   Romena. Pfarrkirche San Pietro. Innenansicht

40   Romena. Pfarrkirche San Pietro. Kapitell: Evangelistensymbole

41 Romena. Pfarrkirche San Pietro. Kapitell: Petri Fischzug

42   Romena. Pfarrkirche San Pietro. Kapitell: Schlüsselübergabe

43   Romena. Pfarrkirche San Pietro. Kapitell: Betende und Engelsfiguren

44   Romena. Pfarrkirche San Pietro. Kapitell: Seraphim

45   Stia. Pfarrkirche Santa Maria Assunta. Kapitell: Monströse Gestalten

46   Stia. Pfarrkirche Santa Maria Assunta. Kapitell: Allegorische Figur

47   Stia. Pfarrkirche Santa Maria Assunta. Kapitell: Engel

48   Stia. Pfarrkirche Santa Maria Assunta. Kapitell: Bischof

49   Strada. Pfarrkirche San Martino a Vado. Kapitell: Heiliger Martin

50 Strada. Pfarrkirche San Martino a Vado. Kapitell: Löwe mit Dreiblatt am Schwanz

51   Gambassi. Pfarrkirche Santa Maria a Chianni. Kapitell: Köpfe

52 San Gennaro bei Capannori. Pfarrkirche San Gennaro. Kanzel

53   San Gennaro bei Capannori. Pfarrkirche San Gennaro. Kapitell: Pflanzenmotive

54   San Gennaro bei Capannori. Pfarrkirche San Gennaro. Kapitell: Geometrische Motive

55 San Gennaro bei Capannori. Pfarrkirche San Gennaro. Kapitell: Rinderköpfe

56   Groppoli. Pfarrkirche San Michele. Detail von der Kanzel: Geburt Christi

57 Groppoli. Pfarrkirche San Michele. Detail von der Kanzel: Flucht nach Ägypten

58   San Cassiano bei Settimo. Pfarrkirche. Oben: Ansicht von Westen; unten: Türsturz vom rechten Portal

III   Gropina. Pfarrkirche San Pietro. Ansicht von Osten

59 Gropina. Pfarrkirche San Pietro. Kapitell: Teufelsmaske

60   Gropina. Pfarrkirche San Pietro. Kapitell: Christus in der Mandorla

61   Gropina. Pfarrkirche San Pietro. Kapitell: Samson mit dem Löwen

62   Gropina. Pfarrkirche San Pietro. Kapitell: Höllenstrafen

63   Gropina. Pfarrkirche San Pietro. Kapitell: Luzifer mit Vollbart

64   Gropina. Pfarrkirche San Pietro. Kanzel

65   Gropina. Pfarrkirche San Pietro. Von der Kanzel: Phantastische Meerungeheuer

66 Gropina. Pfarrkirche San Pietro. Von der Kanzel: Seraphim

67   Gropina. Pfarrkirche San Pietro. Von der Kanzel: Stilisierter Mann und Ornamente

68   Gropina. Pfarrkirche San Pietro. Stützpfeiler der Kanzel mit Trägerfiguren

69   Gropina. Pfarrkirche San Pietro. Stützpfeiler der Kanzel mit Trägerfiguren. Detail

70   Gropina. Pfarrkirche San Pietro. Kapitell: Wolf frißt Reh

71   Gropina. Pfarrkirche San Pietro. Kapitell: Sau mit Jungen

72   Gropina. Pfarrkirche San Pietro. Kapitell: Weinstöcke mit Trauben

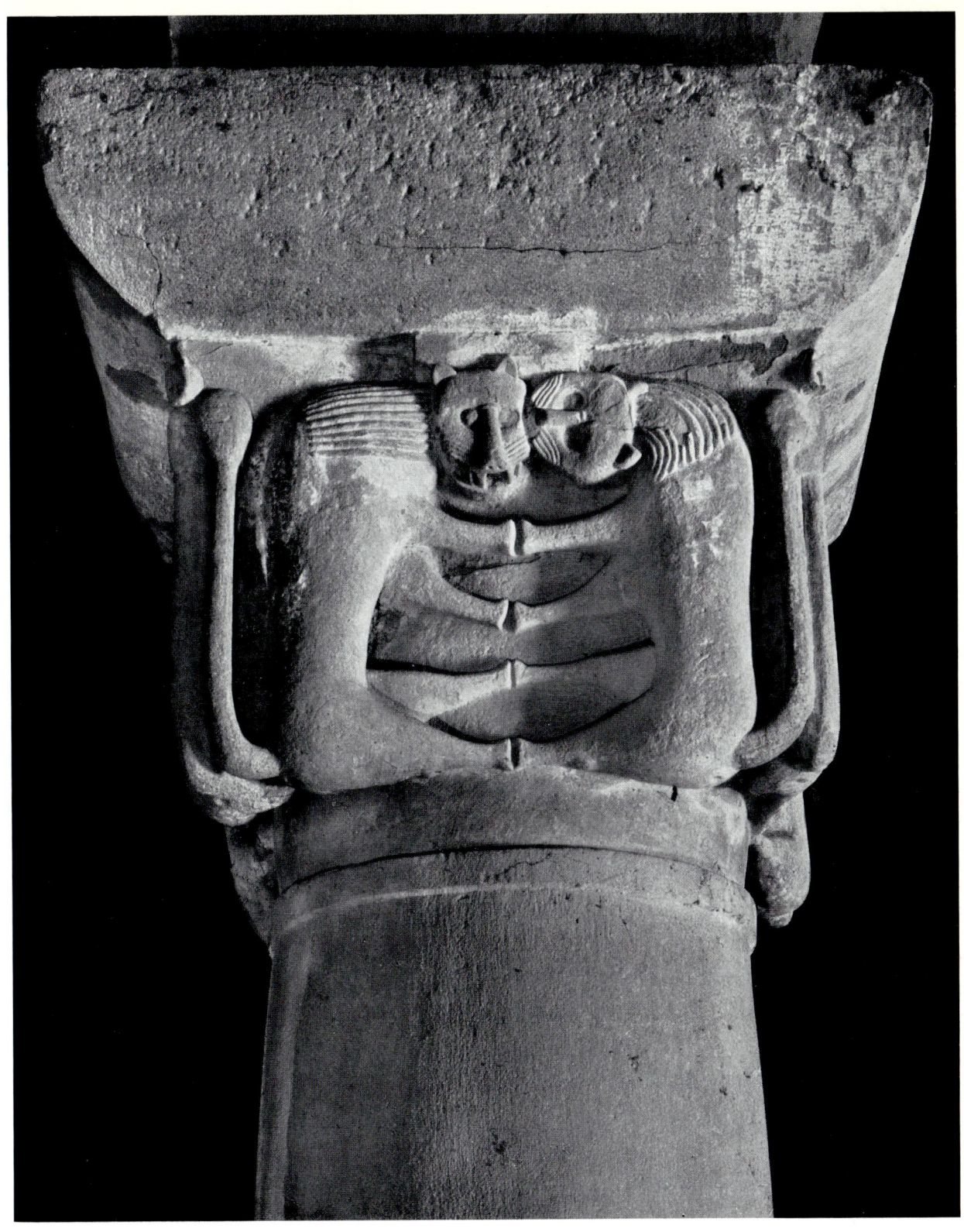

73   Gropina. Pfarrkirche San Pietro. Kapitell: Zwei spielende Löwen

74   Gropina. Pfarrkirche San Pietro. Kapitell: Angreifendes Laster

75   Gropina. Pfarrkirche San Pietro. Kapitell: Kampf der Tugenden gegen die Laster

76   Barga. Pfarrkirche San Christophoro. Außenmauer

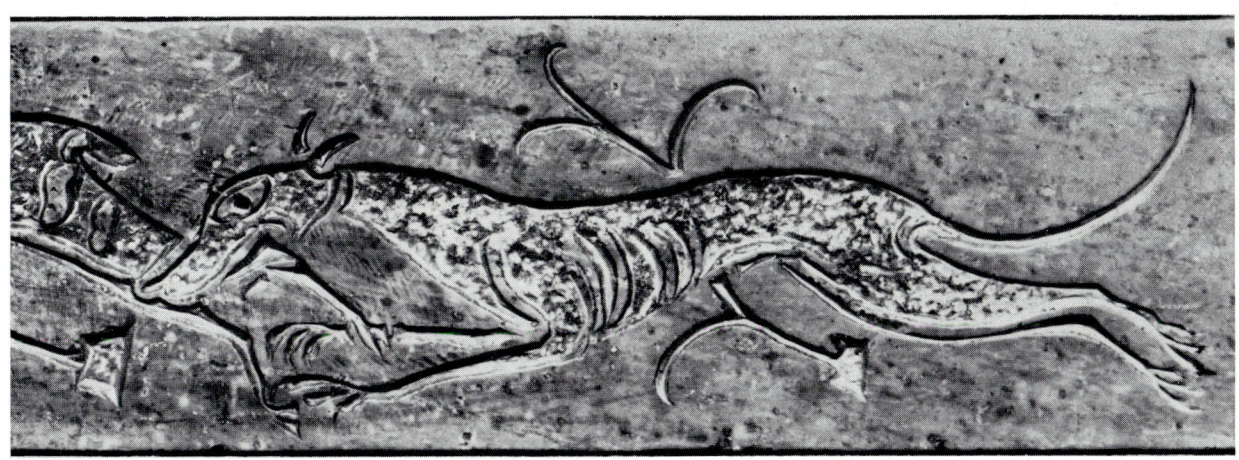

77   Barga. Pfarrkirche San Christophoro. Oben: Detail der Chorschranke: Hund verfolgt fliehenden Hirsch

78   Diecimo (Borgo a Mozzano). Pfarrkirche. Ansicht mit Glockenturm

79   Brancoli. Pfarrkirche San Giorgio. Kanzel

80 Brancoli. Pfarrkirche San Giorgio. Detail der Kanzel: Löwe von einem Drachen bedroht

81　Brancoli. Pfarrkirche San Giorgio. Detail der Kanzel: Löwe im Kampf mit einem Krieger

82   Brancoli. Pfarrkirche San Giorgio. Weihwasserbecken: Widderkopf

83 Brancoli. Pfarrkirche San Giorgio. Weihwasserbecken: Lebensbaum und menschlicher Kopf

84   Brancoli. Pfarrkirche San Giorgio. Weihwasserbecken: König und Lebensbaum

85   Brancoli. Pfarrkirche San Giorgio. Kapitell über der Kanzel: Engel und Adler

86 Chiusdino. Oratorio San Galgano. Ansicht von Süden

IV   Chiusdino. Oratorio San Galgano. Ansicht von Nordwesten

87   Chiusdino. Oratorio San Galgano. Blick in die Kuppel

88   San Quirico d'Orcia. Stiftskirche. Trägerfigur